感悟人生的格言

顾鸿翔　范锦华　编

U0922906

吉林人民出版社

图书在版编目（CIP）数据

感悟人生的格言 / 顾鸿翔，范锦华编. — 长春：吉林人民出版社，2010.10（2021.3重印）

（青少年探索文库）

ISBN 978-7-206-07089-1

Ⅰ. ①感… Ⅱ. ①顾… ②范… Ⅲ. ①人生哲学—青少年读物 Ⅳ. ①B821-49

中国版本图书馆CIP数据核字(2010)第192071号

感悟人生的格言

编　　者：顾鸿翔　范锦华

责任编辑：孙浩瀚

吉林人民出版社出版（长春市人民大街 7548 号　邮政编码：130022）

印　刷：三河市燕春印务有限公司

开　本：700mm×970mm　1/16

印　张：13　字数：110 千字

标准书号：ISBN 978-7-206-07089-1

版　次：2010 年 10 月第 1 版　印　次：2021 年 3 月第 2 次印刷

定　价：39.00 元

如发现印装质量问题，影响阅读，请与印刷厂联系调换。

目 录

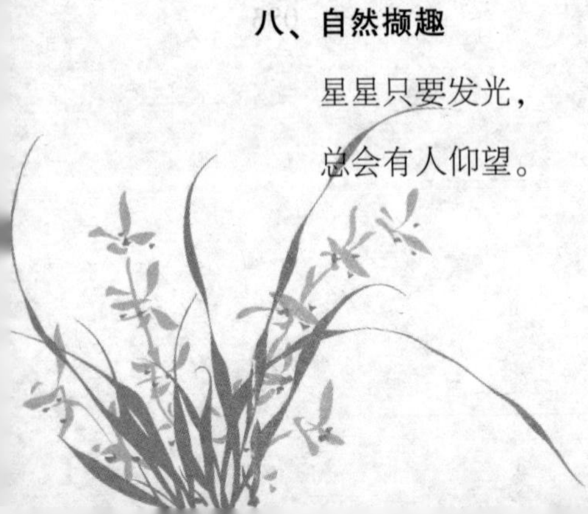

一、一得之见

送人玫瑰的手常留一缕芳香。

金子因为追求完美而变得十分柔软。

世上没有一步登天的梯子。

飞蛾扑火并不意味着献身追求光明。

暴风雨首先扫落的是那些轻浮的花蕾。

沉在海底的珍珠比漂在河面的浮萍更使人青睐。

最先落在大地上的雪花总是一落下来就悄悄地融化了。

挂放日历最好的地方是自己的心头。

暴风雨过后的晴空才是永久的蓝天。

只有霉变的种子才害怕泥土的埋没。

酒杯比大海淹死的人还多。

低估自己的人也会被别人低估。

愚蠢总是在舌头跑得比头脑快时产生的。

辛勤的蜜蜂从没有时间悲叹生命的烦恼。

履行诺言是名誉的保证。

真情厚义是生命的第一个太阳。

偏见等于一半无知加一半仇恨。

重要的东西往往在失去之后才让人越发感觉到它的重要。

真正的成熟是用不着任何装饰的。

聪明人造就的机会多于碰到的机会。

最不聪明的人就是最会耍小聪明的人。

吵架是弱者的武器。

再坏的人暗地里也尊敬好人。

流泪比流血更使人感到伤口的疼痛。

最有力量的广告是消费者的一张嘴。

清醒的痛苦较之麻木的痛苦强烈一百倍。

威信是智慧和行动的结晶。

不要在自己还没有发疯的时候就毁灭自己。

常躲在朗朗的语声之后的人是惧怕静谧的。

磨炼意志的最好帮手往往是自己的敌人。

不要把“毛遂自荐”嘲为一句过时的成语。

自由的精髓在于我们每一个人都能参加决定自己的命运。

礼貌就是注意别人公开的东西。

用平淡的心度过每一个不平淡的日子。

随波逐流者自身大多轻浮。

真正的宝贝很少让你一眼看出就是宝贝。

鲁莽的冒险是失败的前奏。

没有比健康和坏记性更快乐的事了。

自由和自由自在并不一样。

神枪手只能出自枪不离手的笨射手。

痴情的人既是聋子又是瞎子。

灵感是由于顽强的劳动而获得的奖赏。

没有比一只富有同情心的耳朵更为伟大的施舍了。

相信任何人和不相信任何人同样都是错误。

惊人的渊博往往要以惊人的无知为前提。

防人之心比算人之心会使一个人更快地失去朋友。

没有什么号召能比“最后一分钟”更容易让人气力陡增了。

过多地考虑做某事常常妨碍了做成这件事。

能把别人的失败当作自己教训的人将少走许多弯路。

谁都有的东西没有人喜欢。

竞争是生存和发展的催化剂。

艺术是培育健全人生的酵素。

荣誉和成绩的内涵是汗水和心血的奉献。

娇美之猫不逮鼠。

装出来的笑是苦不堪言的。

名人的真正价值是声誉背后默默无闻的劳动和善待人民的品行。

敢同冠军较量的人才有可能获得冠军！

鼓敲得再响也掩盖不住中空的本性。

流言是用愚昧和妒忌之弦射出的一支暗箭。

雾造成的迷茫不会持久。

鸟笼子里的歌唱不会是自由的。

进取者用汗水谱写着奋斗和希望之歌。

捷径往往是通向你不想去的地方的最短之路。

轻浮的东西总爱离开实地。

木炭只有放在火星里才能显示出自身的价值。

事业、家庭与友谊是现代人精神平衡的铁三角。

一切美好的景物在湖水里都是颠倒着的。

盘山道以自己艰难曲折的经历形象揭示了事物发展的规律。

把工作视为畏途和痛苦的人将一事无成。

被淘汰的生命不是有毒就是腐朽的。

一错再错是悲剧升级的台阶。

给人方法比送人礼物更有价值。

没有比诋毁年轻的一代更能使人衰老的了。

没有热情就不能完成世界上的伟业。

漂亮的空话无异于不结果的鲜花。

礼貌是人们友好相处的金钥匙。

幻想是创造的钥匙。

后长的胡子比先长的眉毛长。

灵感是一堆烧得通红的炭爆出的火星。

过分追求得不到的东西只能使我们追悔为此而失去的东西。

没有客人登门拜访的屋子便是主人的坟墓。

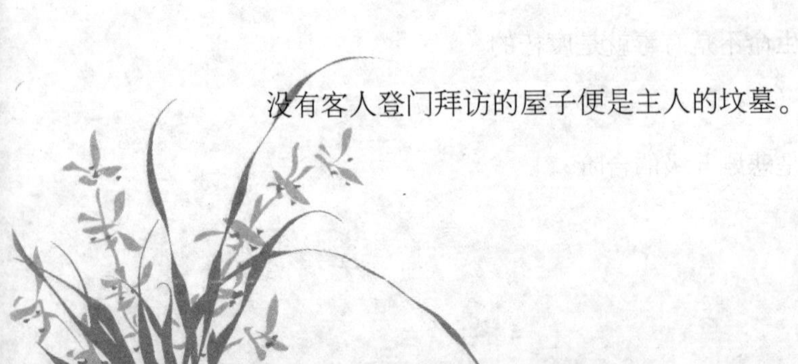

幻想是打开神秘世界大门的探测器。

得到所有人的拥护同得到所有人的反对结果一样糟。

要特别注意那些在大批成熟之前就已掉落和大批采摘之后仍然留在枝头的思想果实。

久恋摇篮的孩子走路时腿软。

珍珠的光彩是母亲的心血和苦难。

报警器是不会因为有人厌恶它尖厉的声音而永远沉默的。

耕耘黎明才能收割黄昏。

发现不了自己的问题是最大的问题。

最美丽的石竹色恰恰是癞蛤蟆舌头的颜色。

没有比你刚好没赶上的汽车开得再快的了。

最贫穷的人是那些只有金钱作为财富的人。

有些痛苦是只能一个人默默吞咽的。

做梦的最好理由是梦中无须讲理。

且莫把彩虹当成登天的高梯。

藤只要能爬上青云那管树的枯荣。

想辟谣犹如想已响的钟声不响。

桂冠之下并不都是王者头颅。

行善是一种无意识的播种。

不仅仅依赖自己判断的人能作出好判断。

不想保守秘密的人对秘密最感兴趣。

最诚挚的语言是从眼睛里讲出来的。

有时在黑暗中你看见了你想看见的。

不要因为自己跛足而去责备道路太坎坷。

胆小的人体会不到冒险的乐趣。

“爱拚才会赢”可归类为冒险犯难的进行曲。

世界上最蠢的是不开动脑筋的聪明人。

一瞬间的感觉往往比事先长时间的分析更准确。

女孩由于过分讲究“包装”而把自己变成了商品。

同情是负荷着同一副担子的两颗心。

有一个能够思念的人也是种幸福。

人类剥削了可怜的小蜜蜂再来赞美它。

杀鸡给猴看的结果往往使猴子也学会了杀鸡。

麻雀之所以飞不高是因为太爱叽喳。

那些太专注于小事的人通常会变得对大事无能。

只有可鄙的人才怕人鄙视。

明智地对待别人要比明智地对待自己来得更方便自然。

二、晨光短笛

珍惜春华，才有秋实。

沉默是金，微笑是银。

有容乃大，无欲则刚。

得志淡然，失意泰然。

鲜花用水浇，真情用心交。

白发催人老，虚名误人生。

宁在直中取，不向屈中求。

投机靠运气，冒险靠智慧。

哪儿乌鸦多，哪儿有腐尸。

往后退着走，必然摔跟头。

从伟大到可笑，相差一步。

既然盼望彩虹，就该容忍风雨。

让人就是让已，爱人就是爱己。

从伟大到卑微，只差一步距离。

理解别人不易，战胜自己更难。

理解是清心剂，埋怨是柴中火。

庸人与人争利，志士与世争雄。

尽管风在呼啸，山却不会动摇。

愤怒不会押韵，吵架没有节拍。

单向的索援，成了友谊的赝品。

奋进的路只有起点，没有终点。

冷静，是危难中最好的救生圈。

越是深挖的水井，就越不会枯竭。

船在矛盾中前进，人在风浪中成熟。

说服人需要真理，打动人需要感情。

灰心把决心锁住，狂热把理智扼杀。

怀疑时时无挚友，信赖处处皆亲朋。

船到湖心抛锚迟，悬崖勒马不为晚。

任意挥霍是荒唐，不吃不用是傻瓜。

从来没有失败过的人，不可能伟大。

平静的湖面上，练不出勇敢的水手。

只要真心拥有，一瞬也是天长地久。

采到手的鲜花，总觉不及枝头的美丽。

道路越是泥泞，留下的脚印越是清晰。

被理解是一种幸福，被曲解是一种考验。

做栋梁的树要正直，干事业的人要坚贞。

鸟无羽翼不能奋飞，人无志气难有作为。

不忘抬高自己的人，结果总是低人一筹。

高尚者见义必勇为，卑劣者见利必忘义。

一句镶入心坎的话，会叫人记住一辈子。

一个人丢失了平凡，也便和伟大无缘了。

礼貌不用花一分钱，却能使你赢得一切。

横渡沧海的勇气，来源于对彼岸的渴望。

流言如飞机，只能在接纳它的机场降落。

大起大落，有时恰恰是惊天动地的一页。

通向峰巅之路，没有一条是平坦和笔直的。

除了美梦以外，阳光下的一切都是真实的。

既然划起了双桨，风浪就是一首动听的歌。

拐杖只能辅助人走路，却不能代替人走路。

宽阔的胸怀犹如大海一样，永远不会封冻。

既然选准了一条路，就别去问“还有多远”。

粪土镀上金也很吸引人，但它总归是粪土。

你若是音符，就该永远保持自己纯真的乐声。

找到了火种，等于找到了燃烧的希望和力量。

事业无法类比，但只要是事业就有可能辉煌。

与其迷恋自己的背影，不如审视自己的脚尖。

海有暗礁才显得奇险，人有挫折才变得成熟。

无目的的追求是徒劳，无追求的目的是空想。

如果怕摔飞机，又怎能体会遨游四海的乐趣？

一万次赞美勇敢的人，不一定能获得一丝勇气。

你既然认准了一条道路，何必去打听要走多久。

当无聊成为惟一感受时，消沉便占去整个空间。

真正的衰退不是白发和皱纹，而是停止了进取。

欲起步的人生贵在立志，已起步的人生贵在坚持。

与其在闲谈中议论人非，不如在沉默中常思己过。

一滴水浇灌不出一朵花，一滴汗滋润不了一个梦。

假如我认为我会被击倒的话，那我已经被击倒了。

有了跨越的勇气和力量，桥才成为腾空而起的路。

引人向上的梯子，一旦躺倒便沦为叫人讨厌的路障。

没有梦是人生的缺憾，但梦太多了却又是一种病态。

孤独的小舟，难以驶入温馨的港湾。

没有主心的蜡烛，无法点亮发光。

松弛的琴弦，弹奏不出生活的最强音。

知己，是人生暴风雨中的一处避风港。

宁做青果挂在枝头，不做烂桃掉落尘埃。

思维一旦走出封闭，眼前便是一片辉煌。

软弱是损害心灵的毒汁，是黑暗的陷阱。

环境再恶劣，野菇也要顽强撑起生命之伞。

阳光即使落在污秽的地方，也不会被玷污。

长在嶙峋怪石中的劲松，才是大山的格言。

谁在哈哈镜面前得意忘形，谁就失去了自身。

若要寻找瑰丽的云彩，必须走到太阳底下来。

母亲的伟大，并不只是为了让孩子记住自己。

情操低下的人，却不可低估他干坏事的天分。

把黄铜说成是黄金的背后，有着肮脏的动机。

再肮脏的污泥浊浪，也污染不了河蚌闪亮的心。

河里的水羡慕天上的云，弄不好反会失去自己。

几乎所有不结果的花，看上去都比结果的花漂亮。

虚伪者凭吹嘘装潢自己，朴实者用真情营造人生。

有了巧舌和诚意，你能够用一根头发牵来一头大象。

秋向树索要一片叶子，树却把所有的叶子都给了它。

只有大山的嶙峋怪石，才能培育出千奇百怪的劲松。

当你的心胸像大海时，个人的怒火是不会轻易燃烧的。

在春天谱写的绿色乐章里，每一株小草都像一个音符。

在太阳的照耀下，每一滴水都闪烁着无穷无尽的色彩。

因为束缚，圆规的脚再长也始终走不出自我的“围城”。

小路在弯曲的地方划出问号，生活为什么这样坎坷不平。

天上的云彩似乎十分自由，但命运始终掌握在风的手里。

竞赛时能显露本性，而失败后的表现则把本性暴露无遗。

诽谤者的舌头杀了三个人：说话人、听话人和被说的人。

即使在繁花似锦的春天，无聊者的心中依然是一片空白。

酒色是造成贫穷的元凶，家业荒废则起因于贪欲和奢靡。

被海浪无情地卷走的，总是那些飘在海面上的轻浮之物。

高高在上的嫩叶，是没有理由讥笑苍老的树干和树根的。

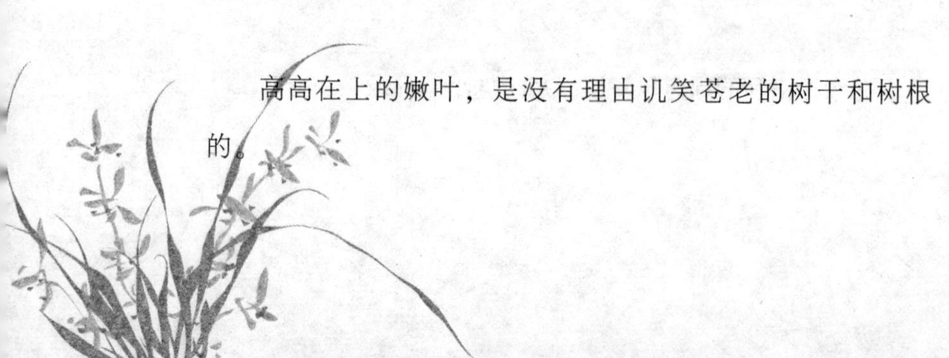

不要做趋炎附势的常青藤，而要做崖边傲然挺立的迎客松。

只有从困境中走出来的人，才更懂得珍惜一切并心存感激。

回忆的手帕只捧回贫瘠的黄土，向前的脚步才有开拓的笑声。

艳羡嘴巴的人可能还不知道，它挨打和吃肉机会几乎一样多。

评价别人，不如先评论自己。

沙漠，成全了骆驼的一切美梦。

只有迈开双脚，才能丈量天下的路。

星星辉映着苍穹，平凡支撑着伟大。

愿望是半个生命，淡漠是半个死亡。

腾云驾雾的本领，来源于学飞的翅膀。

触摸蓝天的梦，把攀援者带上了峰顶。

推动船的不是高大的帆，而是无形的风。

耳边的海风，是让水手振奋精神的号角。

心中拥有一片芳草地，等于拥有生命力。

磨难是奋进的向导，不幸是人生的大学。

一遇风浪就退却的船队，是无法去远征的。

有时候宁愿少活几年，也不要失去某一时刻。

与伪善的朋友打交道，必须把握理智的闸门。

你在黑暗中看不到的，正是你所想看的东西。

惊涛骇浪中见好水手，危难困境中见真朋友。

对那些贪婪的手而言，鲜花的美丽是一种灾难。

不惧怕碰撞的浪花，在向上涌动的激情里盛开。

梦境是熟睡者的幻觉，而幻想则是清醒者的美梦。

一味地顺从会失去自我，一味地拒绝会失去朋友。

追求常青的却往往凋零，渴望长寿的却往往短命。

事业是一只公道的筛子，把人才一一筛选了出来。

属于你的要十分珍惜，不属于你的不要有非分之想。

拿出勇气，在众人的注视和议论面前傲然地走过去。

当你欣赏皎洁的月亮时，请不要忘记这是太阳的恩赐。

酒醉死了多少健康的灵魂，却灌不满一个孤独的世界。

在没有掌声的夜晚，月亮依然闪烁着美丽动人的眼睛。

能在阳光下向你媚笑的坏人，也能在黑暗中向你开枪。

围着圆心可以走出一个个圆圈，但圆圈并不等于圆满。

被人怜悯是悲哀的，接受别人的施舍会使人变得卑微。

如果追求过多并且斤斤计较细枝末节，就会愈陷愈糊涂。

不要沉醉在已成的事业中，生活的意义在于不断地进取。

当以为自己是大彻大悟的时候，往往是在堕入新的蒙昧。

按照礼义和客套的节奏行事，就会使最丰富的感情干涸。

性的诱惑足以使人颠倒一时，人的魅力方能使人长久倾心。

珍惜你现在所拥有的一切，不要等失去了才感觉它的美好。

冷漠是绝望的延伸，它能使草木葱茏的心灵化为一片焦土。

慈善家可以为穷人做任何事——除了成为他们中间的一员。

稳步不停步，年年有进步。

要求自己太完美，自责也就太多。

有口无心语不实，貌合神离情必伪。

肝火炼不就真金，泪水浇不透鲜花。

平凡是奋斗的前奏，也是伟大的序曲。

不要因为雪花纷飞，就怀疑春的脚步。

失去了心理平衡，眼光便会变得短浅。

与其闲得无聊沉重，不如忙得欢乐轻松

秋天的风景画，是用春天勤奋的彩笔画就。

对于蛋壳中的鸡雏来说，只有突破才有新生。

烈火所以能炼真金，是因为烈火不是伪造的。

飞机使地球变得很小，贺卡使地球变得更小。

独轮的车子容易翻倒，安逸的生活容易烦恼。

挫折是一座大山，山那边等着的是你的成熟。

不植根于泥土的梦，永远开不出绚烂的花朵。

金子代表财富的时候，便失去了本身的价值。

无数的亮点与亮色，组合成光明灿烂的世界。

即使在漩涡里，罗盘仍不改变自己认定的方向。

礼貌是人与人之间的桥，又是人与人之间的墙。

井不怕被反复汲取而干涸，只怕被唾弃而腐臭。

狼入羊群暗藏一颗祸心，狼入狗籍依旧野心未泯。

仅有梦和没有梦一样地可悲，因为都不拥有明天。

不做海滩沙石相互冲撞，要做碧空星斗互相照耀。

浮云走遍天涯一无所获，禾苗固守寸土硕果累累。

走对了路的原因只有一种，走错路的原因却有很多。

你是一株长疤的树，就别埋怨人家不用你去做栋梁。

什么叫奢望？那就是不善游泳的人一心想拥抱大海。

敢讲真话是善良人的丽质，危言耸听是好事者的伎俩。

那些告诉你在高处很艰苦的人，一定未曾在低处呆过。

夜色虽能遮掩玫瑰的美丽，却无法淹没其散发的芳香。

家只是一只沉甸甸的菜篮子，装满了人间的酸甜苦辣。

血和汗浇灌出成功的花朵，真和诚孕育着友谊的幼苗。

如果有个人无缘无故地对你微笑，那一定是为了某种缘故。

好丈夫是雨季妻子头顶的一把伞，是夏日妻子身旁的一棵树。

给别人提供了建设性思想的人，也为自己的一生带来了财富。

问心无愧地扮演好自己的角色，不要注意是否有人为你喝彩。

远古的废砖之所以价值连城，是因为它告诉了人们真实的历史。

误解与成见所造成的过错，往往比诡计和恶意造成的损失更大。

投入蓝天，你就是白云。

迎着阳光走，阴影就会抛在身后。

当鸟儿不思飞翔之时，囚笼也会变成天堂。

光线强烈的地方，影子也就特别暗。

当你不再想着是否烦恼时，就会获得快乐了。

过失不等于错误，只有再次重复这些过失才是错误。

摇篮的责任不是让孩子依附于她，而是让孩子独立于她。

世间的所有奇迹，几乎都是在别人认为不可能的情况下诞生的。

赞扬别人是无本的投资，阿谀别人等于以伪币行贿。

绝不承诺做不到的事，失信是造成不良形象最快的途径。

不要老是躲在墙角，而怪阳光照不到你。

社会是一个整体，艰难中的一份关怀便可产生奇迹。

权势与名利只是过眼烟云，为人民服务才是人间永恒。

待人如能春温夏凉，友情必可秋收冬藏。

情人眼里出西施，西施眼里出自己。

信心、毅力、勇气三者俱备，天下少有做不成的事。

能记取失败教训者是智者，只懂得找借口者是庸才。

聪明人应当懂得，大事往往应从小事做起。

做人要求真、求善、求美，做学问要求深、求精、求博。

当你站在人家搭起的台子上时，不要以为人家比你矮。

金字塔的稳健在于它的根基；百慕大的危机源于起风暴。

当狂风戏谑轻浮的浪花时，小草却发出了轻蔑的讥笑。

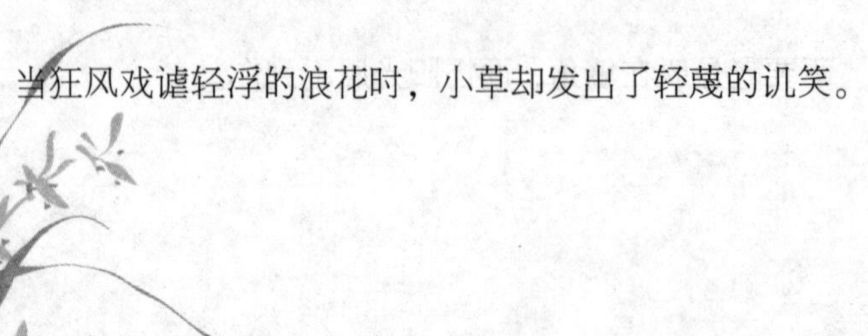

被喜欢不是什么可以得意之事，人不是也被跳蚤喜欢吗？

大地不会因为耕耘的艰辛，而吝啬播种者应得的鲜花与果实。

帆在领受赞赏的荣耀时，可曾想到过身后承受风荷的桅杆？

松竹梅由共同的抗争，凝聚了友谊的坚贞。

不要等蟹死去了，才给它们致红色的赞词。

人们都说泪湿衣襟，其实最先濡湿心灵。

当昂首挺胸大步疾走时，要留神脚下的石坎或断沟。

别太相信权威，他也靠裤子遮羞。

有时你搏命得到的东西，终究发觉不是你的目的。

企图缩小美貌和年龄的差距，是女人一生最大的玩笑。

从容，再老的人也美。

压出的是假花，栽出的是真花。

海是上帝造的，苦海却是人造的。

使你疲倦不堪的不是前面的群山，而是你鞋子里的沙子。

黄土块在压力下会碎成粉末，花岗石却可以在撞击中闪出火花。

没有阳光，阴沉的乌云不会变成彩霞。

没有棱角的石头，永远叠不起巍巍大厦。

保持住一份精神，就留下一份潇洒。

用泪眼去看世界，只能是一片模糊。

过分地追求完美，只能成为一种负担。

只要发现一丝阴影，就应该送去一缕阳光。

蠢材向远处寻找幸运，智者在自己脚下栽植幸福。

期望享受自由的人，须经受维护自由的疲劳。

以影子的长短判定人的高矮，必定要犯错误。

心鸟若在贪婪上筑巢，人格之树则会腐朽断裂。

入过地狱的不一定成为鬼，住过天堂的不一定都是神。

不只是挽歌，赞歌也同样可以把人很热闹地送进坟墓。

风平浪静，无法显示航海家的冒险精神。

激情是生命的“太阳神”，追求是人生的主旋律。

从庄严到荒谬只有一步，但没有路可以从荒谬到庄严。

如果有什么是我不能忍受的，那就是半途而废。

有道路就有希望，如同有萌芽就有伸向天空的向往。

坎坷之路须怀豪壮之情，穷困之境应无颓唐之意。

沿着夜的深巷走下去，就可与黎明会合。

拓荒者的可贵，在于他不向荒原屈服。

即使是一道纤细柔弱的泉流，也要在乱石中拓开一条出路。

冰冻的土地需要阳光，受伤的心灵需要爱抚。

当你沉默而别人并不觉得沉默时，你的沉默才最有价值。

壮志与热情是创业的羽翼，自信和坚韧是成功的阶梯。

当发现自己幼稚的时候，你就开始走向成熟了。

大风虽然能使天空暂时晦暗，却丝毫损害不了太阳。

只有逆流而上，才能找到水的源头。

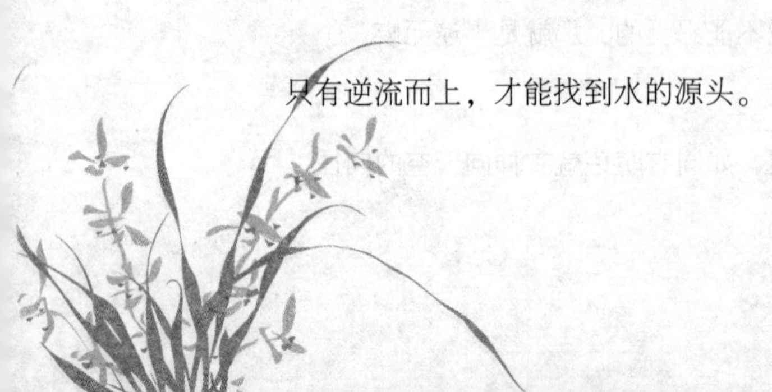

太阳的暂时西沉，是为了孕育另一个更加辉煌无比的白昼。

像黄金般珍贵的是青春，比黄金还珍贵的是友谊。

长在心中的绿叶是不败的，开在胸中的红花是不谢的。

欺骗儿子的最大痛苦是，儿子学会欺骗老子。

掩盖自己丑恶灵魂的人，迟早会暴露在光天化日之下。

兄弟是上帝赐予的，而朋友是自己挑选的。

笼中鸟处处得到主人优待，我却为有人艳羡它而感到悲哀。

绚丽鲜艳的花，未必能结出清醇香甜的果。

只欣赏自己昨天的功绩，会忘却明天的责任。

贪婪的人永远得不到自由，因为他身上总套着自私的锁链。

经常向着与自己相反的方向去观察，世界就更为宽广。

只要不放弃尝试，你就永远不算失败。

调子唱得出奇地高的人，用的往往都是假嗓子。

不讷讷无言，也不夸夸其谈。

晚霞对于老年人，就像朝霞对于青年人一样迷人。

当你越来越看不惯新生事物时，你大概开始步入老年了。

不要在路走过后才想回头，不要在幸福失去了才想挽留。

你可以崇拜伟人，但不要被伟人挡住了自己的视线。

漂浮的感情只点缀语言，深沉的感情沉淀进行动。

水波只有猛烈冲击礁石，才能激起美的浪花。

你是骆驼就不要去唱“苍鹰之歌”，驼铃声声同样充满魅力。

把金言刻进行动的人，方能拥抱金色的希望。

当你是砧板时要学会忍耐，当你是锤子时应迅速出击。

会发光的未必都是金子，抡板斧的未必就是英雄。

草地上开满了鲜花，可牛群来到这里所发现的却只是饲料。

心眼正的笛子，才有可能奏出优美的曲子。

没有最初失败的教训，便不会有现在胜利的喜悦。

做行动的巨人，但决不做语言的矮子。

昂贵的衣服不一定贴身，华丽的言语不一定贴心。

能让语言耐人寻味的人，也会使生活富有情味。

发热，有时是腐烂的开始。

太多的打扮，等于公开宣布迟暮。

说谎的人，最怕记性好的人。

向着光明走去的人，身后总是拖着一个长长的阴影。

人不可貌相，许多伟业往往出自普通人之手。

赞美是一种巨大的力量，是黑暗屋子里的一枝蜡烛。

思维像闪电，语言则如震撼人心的雷声。

若想吐气如兰，须有兰的高雅。

理解别人不易，战胜自己更难。

我们走着别人的路，历史却走着自己的路。

阴影无论用什么扫帚，都无法将它扫掉。

盲从是跟在狗的后头，企图捉到耗子。

飞机停在机场上最安全，但那不是造飞机的目的。

站在烈士墓前，我们才发觉自己竟是那样渺小。

凡在小事上过于认真的人，其人生价值必然不高。

播种冷漠，就只能收获孤独。

不为了什么——只求年老时的一次绝无悔意的回首。

没有独立的精神，就没有独立的人格。

能容纳江河的是大地，能容纳大地的是豁达的胸怀。

大海的可爱在于辽阔，人的可贵在于心胸宽广。

无论何人，在梦中永远比在清醒时更勇敢、更坦率。

一辈子的伪装是虔诚，一辈子的被骗是满足。

许多人在重组自己的偏见时，还认为自己在思考。

只有充分承认别人的长处，才能真正发挥自己的优势。

没有平凡的脚手架，就没有辉煌的大厦。

真正的吸引不一定是强烈的吸引，但一定是长久的吸引。

沉着即是力量，它使人有可能在生活的袭击面前站稳脚跟。

钱财让人拥有万物，口才让人拥有万心。

在需要沉默以待的时候，一切解释都是苍白无力的。

如释重负之时，是最易被“懒惰”俘虏的。

失落了事业心，再多的才华也会蜕变成一堆废话。

对于那些善于梦想的人，甚至铁窗石壁也不是牢狱。

谁要求做不到的事，那么他往往连起码的也得不到。

对错误的沉默是怯懦，对成绩的沉默是理智。

放过一次克服困难的战斗，就等于放过一次增长才干的机会。

只要你煞有介事，就会有人把你奉若神明。

伟大与平凡只有一步之遥，真正的平凡也是一种伟大。

朋友或来或走，敌人只来不走。

灵感不喜欢拜访懒惰者，它只拜访那召唤它的人。

正直和善良，是生活的好向导。

远大的抱负，是高尚行为成长的摇篮。

要有自知之明，切勿把你的狗对你的爱慕当作你了不起的铁证。

有些人说出来的话挺热乎，而伸出来的手却冰凉。

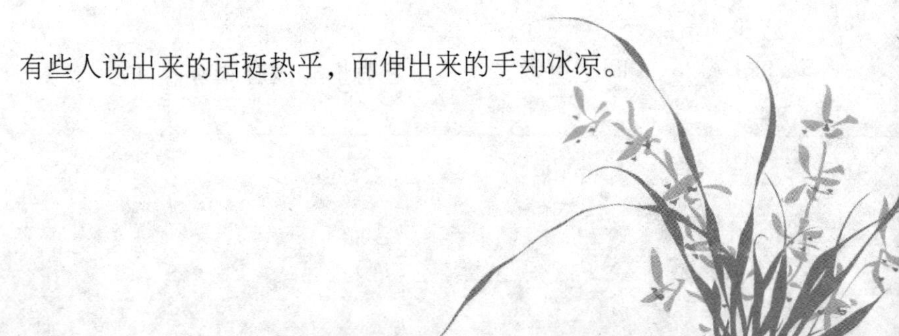

喜欢在小事情上露锋芒的人，往往在大事情上被绊倒。

正直者心有守则，随和者脑无是非。

空虚的灵魂，是孕育罪恶的温床。

诺言并不能战胜敌人，却容易伤害朋友。

被人瞧不起并不可怕，可怕的是自己瞧不起自己。

一个人感到害羞的事情越多，就越值得尊敬。

谁庆幸自己欺诈成功，谁就已经掉入了肮脏的泥坑！

第一次真正笑自己无知，便是告别无知的开始。

不被人思念是可悲的，没有人可以思念则更可悲。

大度可以平息灾祸，理智可以避免流血。

人间之可爱，就在于它有情有爱有牵绊。

心灵空荡的贝壳，只能品尝混浊的水流、

眼里只有食饵的鱼才会上钩，心中只有私欲的人才会上当。

我们时常谦称自己不善表达，但很少有人提及自己不善倾听。

莫为不成参天大树而苦恼、叹息，做棵无名小草也能点缀大地。

投入时代激流与人民共命运，生活的沃土才能迸发奇迹。

一步不能登上山巅，一步却可跌落深渊。

最令人痴迷的地方，也许是最容易迷失方向的地方。

别埋怨见不到太阳，只要你有勇气赶走阴影。

没有见过鳄鱼的眼泪，却听过含笑的谎言。

玫瑰用刺保卫芬芳，蜜蜂用刺保卫甜蜜。

历史是无法更改的，而未来是可以创造的。

越是缺乏生命力的东西，越爱装腔作势。

当你濒临于显赫峰巅，也正濒临于万仞深渊。

严霜带来银发也带来金秋，不幸带来痛苦也带来升华。

有两种东西在丧失后才发现它的宝贵，这就是青春和健康。

对开花结实失去信心的种子，顶不破早春坚硬的土层。

要像莲藕扎根于池塘，别学浮萍漂浮于水面。

没有浪涛的思想是寂寞的，没有期待的眼光是荒凉的。

如同金子和钻石，赞扬声也是以稀为贵。

人才是可贵的，而发现人才的人才更可贵。

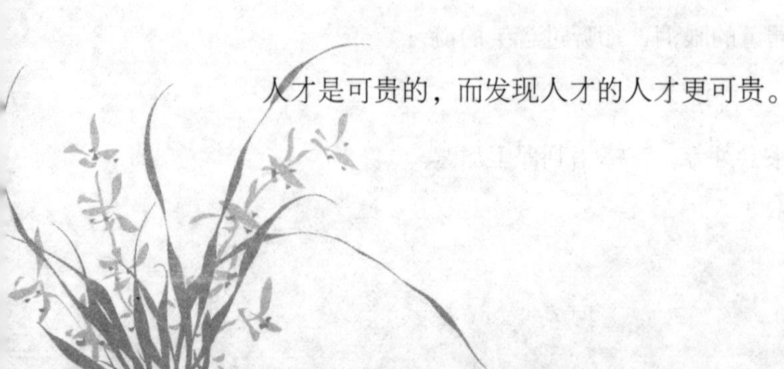

白天给人十轮太阳，不如黑夜送人一缕星光。

谁如果追求美丽的蜃景，谁就可能被引进沙漠。

不经熔炉炼不出好钢，没有冰寒长不出雪莲。

原谅别人，有时是完善自我的一条途径。

有志者战天斗地，无志者怨天恨地。

所谓小聪明，无非是介于智者和白痴之间的一种东西。

在与人交谈中，最重要的是要听到欲言又止的话。

绿色的春天之所以娇媚，是因为她孕育着金色的收获。

才华只有和无私结合在一起，才能成为科学研究的杠杆。

面临机会却无力承担，等于没有机会。

不铲除邪恶之草，难生长正义之苗。

怯懦扼杀了天才的灵感，勇敢能冲破世俗的羁绊。

白头后的痛苦叹息，都是在年轻时无聊中写成的。

办事鲁莽并不是泼辣，说话随便不等于正直。

自己不知又不许人知，是保持“权威”的绝招。

掸掸身上的尘土虽然简单，改去身上的弱点却非易事。

谁没有个性，也就没有了自己。

舌头尽管没有骨头，却能使人粉身碎骨。

对于一个想干一番大事业的人来说，一帆风顺并不是一件好事。

海上的波涛有时会平息，而生活的浪花却永远在翻腾。

痛苦之海给了我们狂涛与礁石，但也给了我们灯塔和港湾。

不能因为第一次飞翔遇到了乌云风暴，从此就怀疑有蓝天彩霞。

祖国需要栋梁也需要小草，正如春天拥有鲜花也拥有绿叶一样。

只是在沙滩上沉思，永远也不能得到珍珠。

不管你登上多高的峰巅，而双脚却还紧贴着大地。

莫非受了蜻蜓点水的启示，有人才热衷于表面文章。

沙滩终日沉浸在大海的溺爱中，才变成一块不毛之地。

候鸟们都纷纷飞走了，落叶却毅然投入大地的怀抱。

只有真正的自信者，才敢以大笑回答哈哈镜的嘲弄。

每天有新的私欲，每天必有新的忧愁。

明朗的星星之下，必会有一个明朗的明天。

欢乐是花，而痛苦便是花中的蜜。

给人玫瑰花，手上常有一缕芳香。

除非历经许多大错，无人能变得伟大或优秀。

在悬而未决的情况下生活是一件很痛苦的事，这是蜘蛛的生活。

你能赠送别人最有价值的礼物是：一个良好的榜样。

你要彩虹，就得容忍雨。

要想使梦成为现实，你就得醒来。

视是一种功能，而看则是一种艺术。

补充一个多余的理由，会减弱其他理由的说服力。

世上所有美好的感情加在一起，也抵不上一桩高尚的行动。

快乐是一种香水，无法使其倒在别人身上而自己不沾上一些。

该忘却的就要忘却，只有忘却了才会有人生的欢乐。

总不走的小道会长满杂草；总不思索的头脑会被愚昧吞掉。

愉快的心境是欢乐生长的沃土，悲哀的情绪是痛苦膨胀的酵母。

没有独立的精神，就没有独立的人格。

如果摆脱管道的约束，自来水就永远不会自来。

如果躺倒在地，千斤顶连一根羽毛也举不起来。

航船若要得到扬波鼓浪的欢乐，那么首先就得加快前进的速度。

断了线的风筝虽然不受束缚，但一定翻跟斗摔下地来。

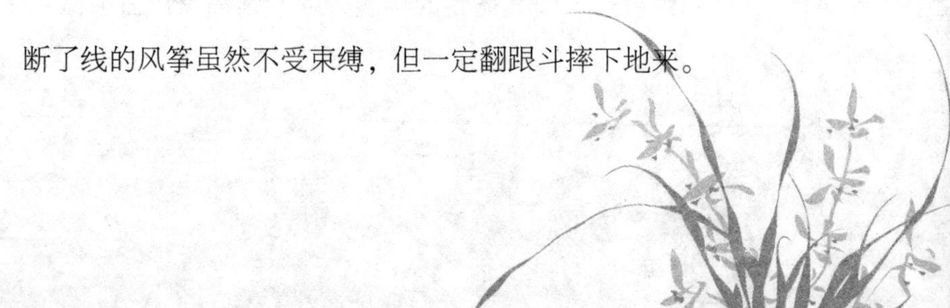

绳子牵引风筝，决不是不给它飞上蓝天的自由。

别看浮云自由自在地飘逸，其实它只是风的奴隶。

树木若要生长得又高又直，就得接受剪枝的痛苦。

如果能收获果实，就不必叹息失去了鲜花。

有些人赖以生存的东西太多，而为之生活的东西却太少。

令你发笑的人滑稽。使你想了一想才笑的人幽默。

雷声虽能震撼大地，但真正的伟力在无声的闪电。

谁若在惊涛骇浪面前抛弃双桨，谁就可能在中途沉沦。

水、火、油是互不相容的，可它们却成了车轮前进的朋友。

如果有了朝气蓬勃的早晨，就不难描绘出五彩缤纷的晚霞。

高大参天的树木，它的年轮也是从零开始的。

丢掉自卑的最好方法，是不错过任何锻炼自己的机会。

干工作不如别人又自我安慰的人，是事业的负债人。

倘若永不扬起，樯帆还不如一块抹布。

果实和汗水，在天平上是相等的。

正气是一种强力净化剂，它能除却附在身上的危险污物。

露水再大填不满一口井，钱财再多填不满贪婪人的眼睛。

无聊尾随狂欢而至，幸运与苦难形影不离。

从窗口向外眺望，世界是不会很完整的。

疑心像一堵雾墙，面对面也看不清真面目。

大地将雨露之爱珍藏在心里，借鲜花报以微笑。

司机透过反光镜向后看，正是为了向前进。

谁不求名求利，谁就具备了无畏和勇敢。

当你提灯照别人时，也照清了自己的面孔。

人们害怕的不是妖魔鬼怪，而是孤独。

有的人的嘴，总受别人眼睛的操纵。

落地果往往是没有经得住暴风雨的考验，才成为等外品的。

一味沉醉于花香之中，则永远采撷不到丰硕的果实。

当归补血之功誉满天下，是因为它吮吸了大地的乳汁。

科学的光芒投进庙宇的殿堂，偶像前的神灯将变得苍白无光。

如果不是和路连在一起，桥的存在又有什么意义？

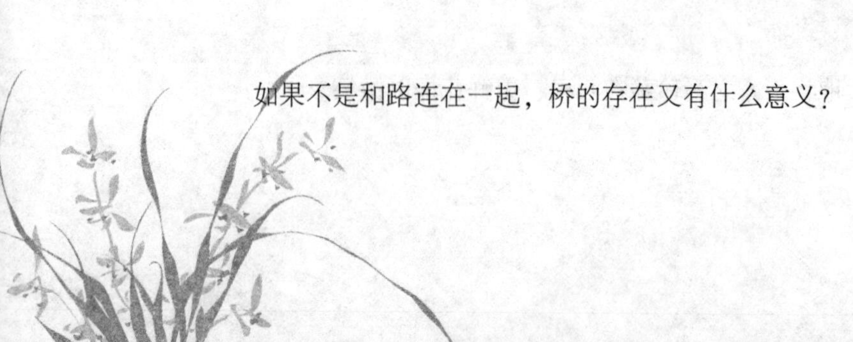

缺少恒心的人，是一块只上一次发条的表。

过低估价自己的才能，也是一种自毁。

历史是一位公正的裁判，他给每一个抵达终点的人戴上桂冠。

倘若不能正视生活的现实，那么睁着双眼岂不是多余?!

当我们羡慕鱼儿的自由时，要知道我们是站在岸上。

寒冬里那朵温馨的微笑，你就是拿整个春天来换我都不要。

最困难和最容易的，其实只是一线之隔

你若要喜爱自己的价值，你就得给世界创造价值。

物必自腐，而后虫生之。

不思进取的平庸之辈，有时也对谦虚的成功者产生由衷的敬意。

在趟过了沼泽地之后，更要留心平地上的泥坑。

荷叶包不住刺菱，缺点瞒不过别人。

要想知道自己的长相，就不能害怕照镜子。

骂人，是没有道理的人的“道理”。

梦再美，也只能做到醒的时候。

容忍自己的缺点一次，就能容忍一千次一万次。

靠别人扶着，一辈子也学不会走路。

过去是属于死神的，未来才属于你自己。

当您的真诚找错了对象，被欺骗和愚弄的灾难就要降临。

勇敢与愚蠢之间有一线之差，可惜那不是一道藩篱。

第一次冒险，常常是一首最优美的诗。

没有生命力的种子，才甘于长眠在泥土里。

如果你的形象是一面哈哈镜，就不能阻止别人笑话。

无能的坏人可怜，无能的好人可悲。

也许因为镜面太光亮照人了吧，镜子的背后往往容易藏污纳垢。

不被热烈的忠诚鼓舞着，是不会做出伟大事业来的。

谁要想摘玫瑰，就不要怕刺。

肥皂泡的色彩尽管能使人目眩，但它迟早要破灭。

投入大地的种子虽然很小，却是绿色王国未来的巨人。

只要你不站在阴影里，阳光对每个人都是公正的。

拣轻担子挑的人常埋怨路不平，拣重担子挑的人会留下深脚印。

一部正在运转的机器，是无暇对自己昨天的成绩夸夸其谈的。

有落差流水化为银虹，有坎坷凡夫变为金刚。

顽劣孩子是溺爱惯的，专横老爷是一些奴性巴结成的。

主子睡着了，奴才还要从鼾声中寻找意义。

攀附在树干上的藤萝，有时比树干爬得还高。

叫得醒死人，却叫不醒装死的人。

无知的纤维，编织成骄傲者自炫的旗帜。

朝向光走的时候，不要忘记后面有影子。

自己长得不好看，不要埋怨镜子。

和疯子吵架，自己也是疯子。

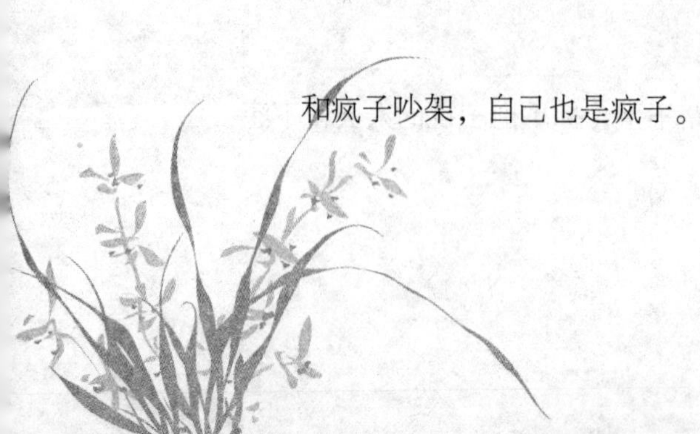

梦里走了许多路，醒来还是在床上。

影子也随着太阳移动，那是为了躲避阳光。

欢乐的顶峰有泪泉，悲哀的深渊有圣光。

愈是峰峦壁立，瀑布愈显得壮观。

采摘丰收的果实，要靠春天付出的劳动。

第一阵秋风，总是要吹落最早发黄的叶子。

谁把背向着太阳，谁便总是跟着自己的影子走。

圆总是围着自己转，其实它内心很空虚。

人们明知魔术是一种欺骗，但依旧报以掌声和喝彩。

以畸形的目光去打量世界，一切都不会是完整的。

在重石压力下瑟瑟发抖的竹鞭，只能永远沉睡地下。

如果死死抱住昨天的失误不放，那么将会铸成今后更多的失误。

谬误这支锐利的毒箭，只能射中视野模糊的双眼。

任何真正繁荣的内部，都必须有充盈的底气支撑。

没有给予，生命之树不会常绿。

希冀果实的成熟，就不必懊丧繁花的凋落。

当我们以挺拔的姿态拥抱天空的时候，太阳就在我们心里。

不要总是羡慕别人手中的鲜花，因为它永远不会装扮你自己。

如果错过了太阳时你流了泪，那么你也要错过群星了。

强烈地追求不应得到的东西，将会强烈地追悔失去的东西。

下恒心作什么或不作什么，往往并不在于咬牙切齿和信誓旦旦。

要让心中有一块燃烧着的火炭，而眼中却没有一珠泪花。

激情是喷涌的岩浆，理智可将它浇铸成美丽的造型。

梦的遗失是件好事，可以有更多的精神去认识世界的真实。

空洞的宣言是乌鸦的噪音；认真的实践是常青的小草。

由草丝和枝条组成的简陋鸟巢，却飞出了一只只搏击的翅膀。

如果害怕铁锤的重击，钢钎再好也永远不能开凿岩石。

只有用灵魂眷恋足下的土地，生命才能真正地站立起来。

激情常常使最精明的人变成疯子，使最愚蠢的傻瓜变得精明。

把恩惠作为最高权力的一个象征，就往往被无能之辈所用。

不要羡慕别人收获时的欢乐，应当看到别人耕耘时的艰辛。

一分把握，胜过十分犹疑。

天才免不了有障碍，因为障碍会创造天才。

强词夺理虽然需要智谋，但它不一定需要真理。

遇到冷落虽不好受，但它会给人冷静思索的空间。

冲动能使人精神振奋，也能使人后悔莫及。

有力量冲出小笼的飞鸟，才有属于世界的歌声。

懒于飞翔的翅膀，认识不了广袤的蓝天。

瑰丽的海市蜃楼，一阵轻风的捧场就会倒坍。

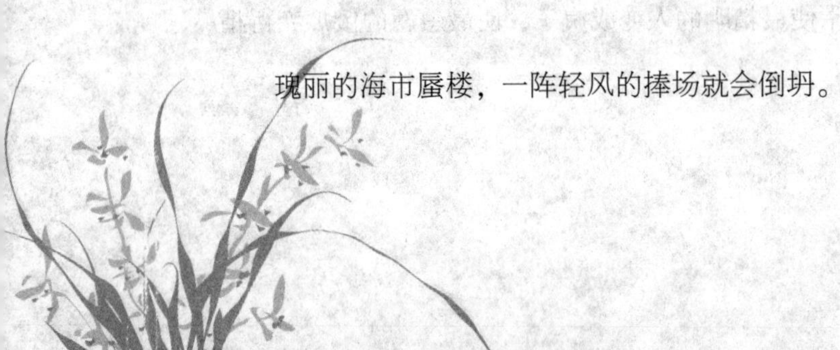

跻身煤堆的石块，难以赢得火热的未来。

随波逐流的小舟，最易被倾覆。

投入闲适的避风港，浪花美好的形象便自我戕灭了。

除掉了无知的翳障，方能真正读懂生活的教科书。

浅海里汇聚着最多的生物，群众中蕴藏着最大的创造力。

下雨的时候才想到伞，那是注定要挨雨淋的。

沙滩上走的人再多，也不一定能走出路。

蛇毒比黄金还贵重，但捕蛇是要冒险的。

即使拥有整座粮仓，鼠辈也不会以此“养廉”。

只要“马”还存在，拍“马”的人就不会绝迹。

萤火没有灯的辉煌和星的璀璨，却能给夜行人一点希望。

菩萨因为好坏都不开口，所以能迷惑人崇拜它。

路在旅人的脚下长，在恋人的脚下短。

尘埃本该以地为家，只因某种浮力的吹捧才得以平步青云。

因为自己误乘了火车而无限懊悔的人，肯定还会错过下班车。

不灭的是火，不熄的是生命之光。

老埋怨脚下的路太窄而不迈步，就只能停滞不前。

既然敢在春天里开花，就有信心在秋天里收获。

模仿是幼稚的儿戏，创造才是伟大的建筑。

大海的可爱在于辽阔浩瀚，人的可贵在于心胸宽广。

猎人瞄准的靶，正是雉鸡自己翘起的尾巴。

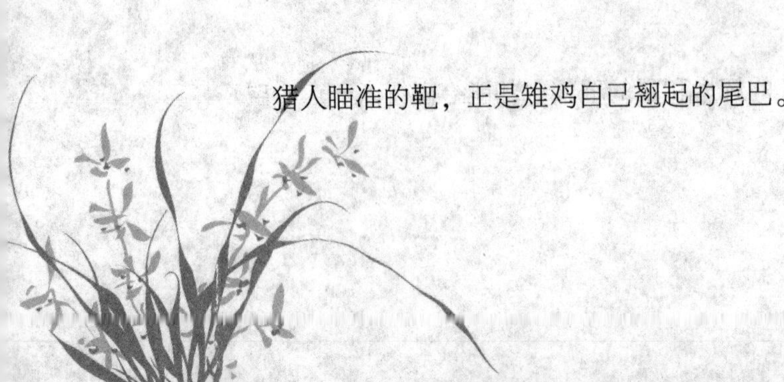

麦穗成熟的时候，芒刺也就硬了。

口琴与知己亲吻时，发出动人的音乐。

血一旦凝固，热情也随之僵死。

志在千里的雄鹰，不因缺少孔雀漂亮的羽毛而感到抬不起头来。

只有倒退的人与车，没有倒退的桥与路。

灾难并不可怕，可怕的是不敢去正视它。

和气可以调节人的关系，迁就却腐蚀他人肌体。

做的梦美不美，并不在于睡在什么床上。

热爱早晨吧，它会使你拥有更多年轻的时光。

没有健康的娱乐生活，就像没有香味的玫瑰花。

播下虚伪，收获的便是人生苦果。

与过去的历史相比，我更喜欢未来的梦。

家不是房屋与用具的组合，而是爱与梦的构成。

故乡是天下最美丽最温情的少女，惹得无数爱慕者夜夜难眠。

火只有在能被控制的时候，才为人所喜爱。

如果你向往飞翔的翅膀，莫遗忘脚下默默的土地。

如果我的欢言能为你免去一丝忧伤，那么我愿笑口常开。

无论你在梦中走多么远，醒后面对你的仍是昨日的终点。

单凭自己的眼睛，永远无法看清自己的全身。

以真心朴气为文，用真诚实感待人。

永葆内在的热情，向往火热的生活。

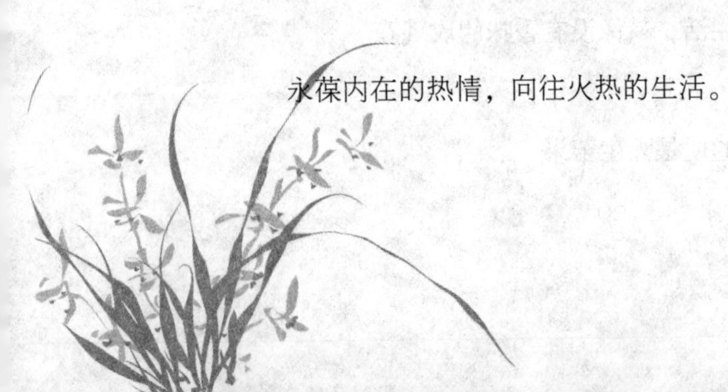

梦里走的路再多，也不会留下一个脚印。

对于绊脚石最高明的利用，是将它用于填平沟壑。

不要伤感春天的花落，初夏会很快以青果回答你。

嘲弄和蔑视的泥沙，会阻塞感情的河道。

不经耕耘的土地，难以收获成果。

套着别人的脚印走，永远放不开自己的脚步。

不怕矮小，就怕站不到高处。

谁给我一滴水，我便回报他整个大海。

只有走完平凡的路程，才能达到伟大的目标。

掩饰是繁殖缺点的土壤，虚伪在上面能种出荆棘、毒草。

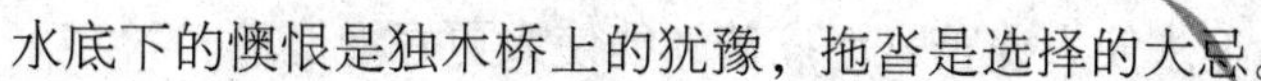

水底下的懊恨是独木桥上的犹豫，拖沓是选择的大忌。

若不让人们超越，里程碑也就失去了存在的意义。

幽默是一种高尚的情操，是智慧和信心的表现。

充分利用开发已知的一切，永远探求关注未知的一切。

泪是心之血，伤了心才涌流出来。

贪欲是上当的诱饵，轻信是受骗的绳索。

轻佻和虚荣一样，是女性生活的陷阱。

自由不是馈赠的礼物，而是对勇敢者的奖赏。

在弄潮人的心目中，海永远大不过人的胸怀。

坚韧是消除一切艰困的利剑，是解除一切纠葛的剪刀。

躺在地上的人不会跌倒，但他将永远不会前行。

追求使人痛苦，而痛苦才能使人更好地追求。

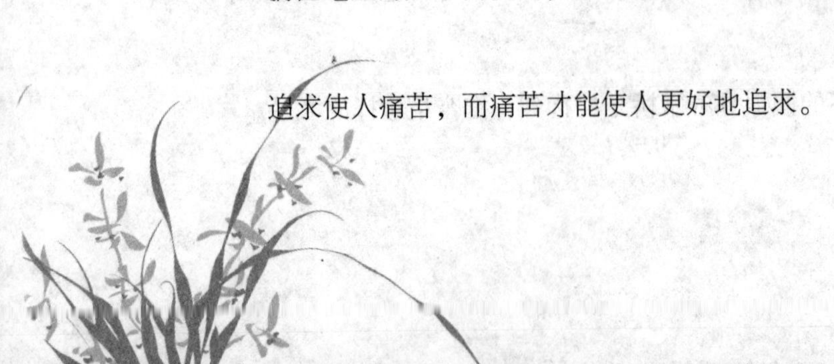

对于性格好强的人来说，痛苦从来是自己独享的“财富”。

只有与漩涡和暗礁交战，才能显示弄潮儿的身手。

惧怕暴风雨的鸟，它的翅膀永远也不会坚硬。

不要磨砺你的牙齿，要保持锋利的是你的才智。

鸟国评选好新闻，拿头奖的肯定是喜鹊。

田鼠一旦当上法官，肯定要给猫头鹰制造冤案。

多嘴比虱子还讨厌，至少虱子不吵。

只要你相信一个较好的明天会到来，那今天的痛苦对你来说就算不了什么。

人际关系只有在未被庸俗化的时候，才能成为真实而神圣的东西。

人们不注意一片树叶死在春天，一瓣落花却引起人们惜春的伤感。

孤芳自赏的人看不到自己的缺点，妄自菲薄的人看不到自己的优点。

被模仿的人是成功者，模仿的人是自知需要改进而又缺少主见的尾随者。

明媚的春光是对播种者的热情鼓励，金色的秋天是对耕耘者的最高奖赏。

我们大多数人都能够宽恕和忘却；我们只是希望其他人不要忘却我们的宽恕。

开放在悬崖峭壁上的花朵，不会因为无人欣赏而错过开放的季节。

对于一个简单的问题反复研究的结果，这个问题就会变得比原来复杂多了。

如果一个人不知道他要驶向哪个码头，那么任何风都不会是顺风。

父母能够教给孩子们最重要的一课是：在没有双亲的情况下怎样设法过下去。

如潮的掌声响于你离职之时，只有你自己能读懂这潜台词的弦外之音。

假象之所以能够骗人，是因为它有时候伪装得比真情更具有诱惑力。

要给自己的热心找到一个不可分离的伴侣，这个伴侣就是严格的观察。

人类最原始的需要之一，就是有个人会在你深夜未归时担心你在哪里。

高明的棋手珍惜一兵一卒，因为他懂得这往往关系到全局的胜负。

宁可把嘴闭起来使人怀疑你浅薄，胜于一开口就使人证实你的浅薄。

热情也许能使你得到较多的朋友，但远不如冷静更能使你保持朋友。

当科学已发达到解释病毒如何增殖时，它仍无法说明热泪为何涌出。

在面对着必须改变观念或证明无须改变的选择时，大部分人总是忙于论证。

你如果不能容忍别人在你的自尊心上戳上一枪，那么你应该更不能容忍你自己在别人的自尊心上留下创伤。

每一扇虚掩的门后面都有一个真实的人生，每一颗年轻的心都渴望花朵般绽开和海潮般倾听。

爱护孩子是老母鸡也能做到的事情，懂得敬老却是人类走向文明的伟大进步。

不幸者是一个人能够爱却得不到爱的温存；更不幸者是一个人失去了爱而鼓不起扑向新生活的勇气。

平凡与伟大之间并无什么明显的界定，许多平凡人物的伟大人格正是在平凡的环境中铸成的。

不要埋怨世界把你造就得普普通通，世界上本来就没有浇铸伟人的模子。

不要为自己没有令人惊诧的业绩而沮丧，应常问自己是否每时每刻都在默默地前行。

莫要图省力去走那些采撷不到硕果的捷径，但也不要避图省力之嫌而不选择能更快到达目的地的捷径。

当你到达鲜花盛开的彼岸的时候，千万别忘了曾帮助过你而被风浪击得斑驳支离的帆船。

任何一个蠢材也能数清苹果里的种子。只有上帝才能数清一个种子到底长出来多少苹果。

孤独是一杯浓浓的醇醇的白酒，在生活的餐桌上常常是不可缺少的餐肴。

使一个人伟大并不在于富裕的门第，而在于可贵的行为和高尚的品性。

经常咒骂和埋怨等于承认自己的脆弱，能干的事情似乎只剩下喊天骂地了。

伟人决不只限于仰视圣者领空的星辰，他们的优势在于孩童般的纯真和大胆。

只有那些自觉地视自己的年龄和健康为财富的人，年龄和健康才会变为真正的财富。

最不幸的人是活着而不能创造的人；最沉重的人生是只有耕耘而没有收获的人生。

对冬天报以微笑只会遭到寒风更严厉的肆虐，最好的办法是在心里盛一盆火。

探手救人于危难之中谓高尚；以此居功索赏便无异于索取了卑微。

宴会上敬朋友一杯薄酒是敬重；无端塞给朋友几枚铜板则是羞辱。

试图阻止他人发表意见是对他极大的抬举，因为那代表你承认人家比你高明。

谁在修饰打扮上花费的时间越多，他需要掩饰的缺点也就可能越多。

尝试某事却失败的人，比什么也不愿尝试却成功的人不知好多少。

欲望的选择往往会超过欲望本身，所以人选择了直立而猴子选择了匍行。

鲜花和泥土告诉我们，最朴实的东西总是和最美好的东西连在一起的。

虚妄的期待往往伴以浮躁的喧闹，扎实的期待才常常保持乐观沉静的状态。

种子总以为是大地需要的，却从未想过要是自己离开大地将有怎样的结果。

用手指指着别人责骂的时候，该记得手中的三只手指是指着自己的。

在企望不可能的尽善尽美的同时，人们反而会失去本可得到的美好的东西。

一缕情丝挂在轻悠悠的白云上，不如化作种子沉甸甸地埋在地里发芽。

从风雨中熬出来的幼苗，要比在温室里泡大的嫩芽更能经受住自然界的考验。

有一件东西是从不遵从“少数服从多数”的原则，那就是个人的良心。

想到了的事情没有付诸行动等于没有想到；懂得了的道理没有身体力行等于没有懂得。

一朵花再大也不能铺满一个花园，而无数小花朵却可覆盖整片原野。

当你醒悟自己走错了路的时候，最要紧的是考虑下一步该怎么走。

重视别人的喝彩多于为引起喝彩而努力的人，不会得到如雷的掌声。

失败以后的沉默使失败者显得有力，胜利以后的沉默使胜利者显得谦逊。

岁月的流逝会在皮肤上刻下皱纹，而热情的消失则会在人的心灵上留下痕迹。

找到属于你自己的独特的表达方式，也就找到了人生交际的信心。

人们忍受得了别人的高明，却忍受不了别人高明给自己造成的尴尬。

如果我有机会给下一代赠送一样礼物，我会赠给每个人学会取笑自己的能力。

可怕的不是孤独和寂寞，而是你不得不同你不愿交往的人打交道。

一个经常在顺境中生活的人是不幸的；温室里的娇花永远

不能在冰雪中开放。

留恋一段时光不如憧憬一段时光；与其欣赏历史不如牢牢把握今天。

未经语言描写的事物常被忽略，经过语言描写的事物又常被扭曲。

假如你感觉到你的分量在自己的心中越重，那么你在别人心目中的分量就会越轻。

欲有所得必有所舍，这里最能表现一个人的远大志向与抉择能力。

诚实的人的痛苦仅在于无法摆脱诚实；狡诈的人的苦恼是因自己还不够狡诈。

冬的严寒才能使春的生命更加纯净，夏的酷炎才能让秋的丰收更加宏伟。

能在享受所有的同时又能去除能力之外的物欲，你便懂得了什么是真正的满足。

有些人的聪明仅仅在于适当地抑制了自己的愚蠢，正如有些人的愚蠢是由于不适当地显露了聪明。

所谓长大就是你知道那是什么事；所谓成熟就是知道后故意说不知道。

不要把昨天的成功当作今天的骄傲，也不要把今天的失败当作明天的耻辱。

无聊决不是一件轻松的事情，因为它使生活变成一种沉重的负担。

再准的钟表不能计算你前进的速度；坚实的脚步才能丈量你行进的里程。

伟大的事业离不开琐碎的劳动，轻视琐碎的劳动难以成就伟大的事业。

如果缺少破土而出并与风雪拼搏的勇气，种子的前途并不比落叶美妙一分。

永远不要踌躇伸出你的手，也永远不要踌躇接受别人伸出的手。

被高尚的感情催下的泪水是幸福的享受，用虚假的表情装出的微笑是痛苦的煎熬。

“不“字是一面伟大的旗帜，世界就是在无数“不“字中前进的。

一件将改变你一生的事物，常常在你对它有深刻印象之前就已成为回忆。

只有生活才能深知自己的能量，只有参与才能使生命的热力辉煌。

吃苦程度并不是衡量一个人工作能力的标准，只有效率才是衡量能力的标尺。

如果你想不起自己的某个朋友有什么优点，那么很可能你是找错了朋友。

马戏团的猴子因其模仿得惟妙惟肖而赢得满堂喝彩；一个

人只会模仿不会创新恐怕算不得高手。

我们的理智使我们一次次看透人生，我们的激情又使我们一次次重受蒙蔽。

那在黄昏时痛苦地挤压着自己前额的人，往往在清晨第一个面向太阳快乐地呼喊。

伟大的导师从不竭力阐释他所看到的，他只请你站在他旁边自己看。

在恶劣的环境中，既能产生最优秀的同时又能产生最卑劣的品格。

迷信给人类制造了大大小小的菩萨，科学把所有的菩萨一律还原为泥沙。

你只能喜形于色地夸耀自己的宝贝儿子，但是没人能容忍你同样夸耀自己的才智贡献。

一心砥砺刀剑的锋刃，不会将精力耗费在诅咒磨石下流淌的锈水之上。

让我们的语言都能揭开蒙住心灵的面纱，让我们的行动都来还清誓言欠下的债务。

假若欢呼的人们知道他们所欢呼的对象正在想着什么的时候，也许他们就不会欢呼了。

三、心香一瓣

路，愈走愈宽，愈退愈窄。

志不立，如舟无舵，事无可成。

布衣暖，菜根香，好书滋味长。

说公道话，做正经事，学好榜样。

滴水穿石，磨杵成针，创业贵乎有恒。

蜂王肥胖，工蜂消瘦，各有甜蜜的梦。

现实的内蕴，既靠语言裸露，也靠语言掩盖。

首先是热爱，然后才是投入，最后才是成功。

竞争中有两种人：一种人修路，一种人挖井。

长大，虽然只是一种结果，却解释了无数问号。

不管怎样咀嚼，甜的总是甜的，酸的总是酸的。

幽暗之时，无人知晓之处，也要恪守做人的原则。

快乐犹如香水，向人洒得多，自己必也沾上几滴。

夜行的人，不怕漫长的黑夜，只怕心中没有黎明。

放弃难，割舍难，减少原先属于我们拥有的更难。

成绩，踩在脚下时变成动力，背在身上时成了包袱。

我们离不开镜子，喜欢照镜子，是因为它反映真实。

一个人不成熟可怜，太成熟可怕，适度成熟难能可贵。

以信心创造事业，以爱心温暖社会，以希望迎向未来。

语言的珍珠，只有经过串缀，才能放射出奇异的光彩。

追忆难忘的过去，正视可贵的现实，憧憬美好的未来。

恩德相照是知己，腹心相报是知心，声气相投是知音。

把脚下的路捡起，放进心间去探索，是前进的最佳方案。

流言经不起时间的推敲，因此它流传得快，消失得也快。

影子是一个启示，也是一个比喻，走路时要常看看影子。

真理是永恒的，知识是可变的，混淆二者则后果不堪设想。

不要总让花包围着自己，勇敢地接近刺，可能会对你更有益。

跌倒了并不意味着沉沦，爬起来看看自己，原来比以前更高。

希望在探索中孕育，成功在拼搏中积聚，幸福在苦斗中获得。

无论发生什么事，不要放弃生命的两大支撑——希望与信心。

语言是梯子。花言巧语者常乘此擢升，直言不讳者常由此下跌。

不要害怕别人的反对，请记住：风筝总是逆风而不是顺风飞翔。

真正的好茶是无色的，真正的友谊是无声的，真正的人生是无

悔的。

社会是一所无墙大学，人们无须考试就可以进入校门，但没有一个人能毕业。

和一个思想家交谈两不吃亏：他多了一个崇拜者，你多了几分智慧。

要在精神上战胜自己，比在体力上战胜自己，不知艰难多少倍。

说谎是一种懦弱的行为，一个人胆敢面对现实，就没有说谎的必要。

从陷阱中挣脱后你会醒悟，某些别有用心的等待，比蛛网更为险恶。

报复是悲剧的种子。如果把它播进仇恨的土壤里，它便会产生更多更大的悲剧。

坚定者其实并非没有动摇的时候，只是他动摇的时间很短，并且最终彻底战胜了那种动摇。

宽恕别人其实就是宽恕自己，因为只有释放了内心所积压的怨恨，精神才会有真正的解脱。

凌云壮志就像高空的彩虹，虽然美丽灿烂，却往往可望而不可及。

在工作上敷衍塞责的人，在事业上不会有大成就，因为这种人每天生活在自欺欺人之中。

在流言蜚语面前既无需急于辩解，也不必手足无措，沉默就是对它最大的蔑视。

悭吝的荒漠呵，你连一滴水也不能宽容，又如何能赢得绿洲的爱？

远离人群的人有两种结果：一种是被特别地关注，一种是被深深地遗忘。

一些人眼高手低，总想摘取远方的玫瑰，却把身边的蔷薇踩在脚下。

不思进取的人碌碌无为，畏惧失败的人饮恨自叹，默默耕耘的人播种希望。

不要以为我微光一点，千千万万个星光的汇聚，就是夺目的辉煌。

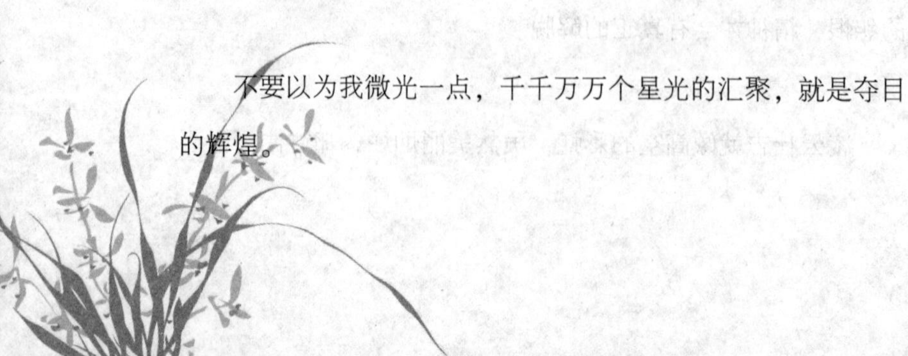

坦率与诚恳之间有着巨大区别：人可以出于恶意而坦率，却无法出于恶意而诚恳。

不要夸大你的悲哀，不要低估你的生命，世界上的每一朵花都不缺少色彩和芬芳。

不会思想的人是白痴，不肯思想的人是懒汉，不敢思想的人是奴才。

不要因为一时的失败，便认为一切都黯然。要知道黎明前也有一段黑暗的时光。

地球要做的事——旋转；江河要做的事——奔流；青年要做的事——前进！

集中所有心智，把今天的工作做得尽善尽美，这是迎接明天的最好办法。

鲜花总是在阳光下怒放的，微笑总是在兴奋时浮现的，挚爱总是在信任中流露的。

瀑布的声音是恢弘狂放的；溪流的声音是低缓沉静的。但它们流淌的都是生命的泉水。

让金色太阳过滤情感，滤去的是孤寂与冷漠，留下的是温暖与热情。

把朋友和亲人的祝福变成远征时解渴的清泉，烦恼时甜蜜的安慰，胜利时庆功的鲜花。

失信于一位朋友容易，使一位朋友相信你却很难，再次的相信则更难。

失去了知心朋友，即使你是百万富翁，伴着你的也只有无情的凄楚和孤独。

挫折和打击，固然能使有些人消沉、俯首或倒下，但也能使更多人清醒、振作或奋起。

在嫉妒和碎语面前，脚踏实地走自己的路，缄默会助你摆脱无谓的缠绕。

最浪费时间的莫过于懊悔，因为懊悔并不能改变过去，更不能创造未来。

创业者身上多少会落到几滴诽谤的唾沫，但这不会影响其光辉。对诽谤的最好回答是无言的蔑视。

有了言路心灵才会沟通，有了思路思维才有深度，有了道路青春才会风流。

时代在瞬息万变，但有一件事却恒久不变：乞求赎罪比抗拒诱惑容易。

纯洁的心灵比美丽的容貌更漂亮，高尚的品德比成套的家具更珍贵，勤劳的双手比显赫的地位更重要。

累累的创伤就是生命给予你的最好的东西，因为在每个创伤上面，都标志着你前进的一步。

没有尝过艰辛的人，只能看到世界的一面，真正的人生只有在历经磨难之后才能实现。

有人把零看作一无所有，有人把零看作虚无空洞，我则把零看成是一个可以填满的空间。

最好的邻居不是那些主动来关心并提供帮助的人，而是那些平时绝不过问你的事，只在你求援时才热心帮助你的人。

如果全部愿望都能立即实现，那也是一种不幸，至少是一件无聊乏味的事情。

对别人太多的顾及会使人腻味和自己疲累，重要的是保持一种敏锐的正义感，不要错过一生中不站出来就会终生后悔的时机。

一条路是一个人的心灵的写照。伟人和普通人常常走在同一条路上，但他们走路的方式却不相同。

伟大的心胸应该表现出这样的气概：用笑脸来迎接悲惨的厄运，用百倍的勇气来应付一切的不幸。

一个伟人就是一个晓得自己短处的人，他不允许自己的脾气和心情来统治自己，只依循坚决果断的信条行动。

对多数人来说，经验像一只船的尾灯，它只照亮已经驶过的航迹。

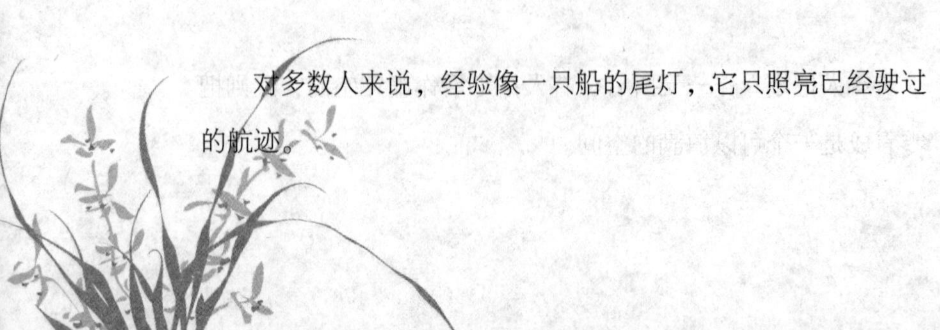

反省让你知道自己曾在哪里，预见让你知道将去哪里，顿悟让你知道何时你正走得太远。

一个真正有力量的人，常常并不是一个自我感觉良好的人，而倒是一个自我感觉不好的人。

当你感到沮丧时，一只狗对你是一种安慰，原因之一在于它从不试图探寻你为何烦恼。

只有死过一次的人才知道健康比什么都幸福，正如只有被爱火燃烧过的人才知道被爱遗忘的苦闷一样。爱事业的人首先要爱健康。

青云得意的道路是很多的，但如果用阿谀奉承的办法去换取，那是可卑的。

若想永葆生命之树常青，必须随时挣脱“不成熟”的羁绊和“太成熟”的诱惑，大胆地在两者之间觅划新的租界。

只有忍受常人所不能忍受的痛苦，只有牺牲常人所不能牺牲的享乐，才能走到竞争的前列。

天才就在于鄙弃教条，挣脱传统的羁绊，敢于说出自己的而不是别人的思想。

格言是生活大海里的珍珠、玛瑙，只有长途跋涉、不畏艰难险阻者，才能够采撷到它。

人与人的关系像是沙砾，把有的人磨得尖锐，把有的人磨得圆滑。

人们歌唱星星，不是因为她们晶莹的姿色，而是她们共同组成了灿烂的夜空。

在失败中提炼冷静，在困难中采掘力量，在动摇中培育信心。

不要企求清冷而遥远的星光来照耀人生，让心中的太阳升起来，这样才会一辈子散热发光。

残冬过去，痛苦的犁刀犁过的心田上，必将是一个春意盎然的新天地。

对于舌头，我们一要防止栽下蒺棘，二要防止播下祸种。

心境不乱，才能思有其理，行有其道。

大树不怕招风，因为做栋梁的热望，给予它惊人的意志和力量。

春天里，不管背后的风将你的人生之帆吹得多快，你都要牢牢把住命运之舵。

相貌平平并不可悲，可悲的是肮脏的灵魂。肮脏的灵魂只能使不佳的容貌更加丑陋。

不顾一切想追求无穷财富的人，一生中永远不会有满足的一天，而且终身要与痛苦失望为伍。

有这样一种人，你说他一窍不通他大为恼火，若说他七窍通六窍则乐不可支。

纸花为骗得自己的声誉，大声疾呼：“花不在香而在雅”。

如果你笑得多，当你年老的时候，皱纹就会出现在合适的部位。

钓鱼给人这样的启示：没有白“请吃”的，也没有白“吃请”的。

大树有大树的伟岸，小草有小草的气节，不必借助油彩渲染虚浮的门面。

沉睡的良心不是熟睡的美女，将其唤醒不能靠亲吻，而必须击一猛掌。

痛苦之海，给了我们狂涛与礁石，但也给了我们灯塔与港湾。

所以有人涉足沙漠，是因为他们坚信：绿洲是它的明天。

面对生活的馈赠，除了接受以外，惟一能做到的就是让它更接近愿望。

阿谀没有牙齿，但乐于接受的人，连骨头都会被它啃光。

沉迷于吃喝玩乐的人，不只丧失了钱财，更磨掉了冒险冲刺的个性。

不可求定，不可求终，不可求永远。

逆境和顺境像两个幽灵，同时抓住一个人的灵魂，朝两个方向拖去。

最平常的职业，只要注进自己的热情和心血，也能使它神圣高尚。

自己了解自己最聪明，自己控制自己最成熟，自己战胜自己最壮美。

不要对孤独恐惧，有时它也会给你带来宁静的环境，让你享受无牵无挂、无拘无束的生活乐趣。

怯懦者常常宣称自己是谨慎；鲁莽者常常宣称自己是勇敢；悭吝者常常宣称自己是节俭。

甜的不都是蜜，苦的不都是药，要分辨它还需自己细细品尝。

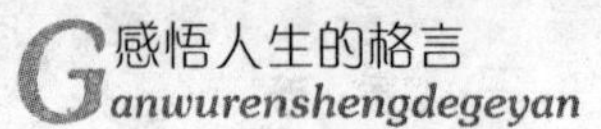

烟抽多了伤肺，酒喝多了倒胃，爱情写贫了乏味。

奢望像一只饿狼，贪婪地吞噬着世上的一切，当然也免不了吞掉自己。

不幸时寻找自己的光点，顺风时挑剔自己的暗面，这样你在失意的时候会比成功的时候自信得多。

人们喜爱太阳，是因为它永远消耗自己，无偿地供给光和热。

追求光明的人，不会等到太阳升起才出发，而是在黎明时分就悄悄启程了。

过去的属于死神，未来的还没有发生，属于我们的只有现在。

有时忘却过去是一种进步，因为往日中的许多事常常像一根根枯藤绕着，使你裹足不前。

后悔最没有价值，它只能成为奋进的阻力，沮丧的动力。

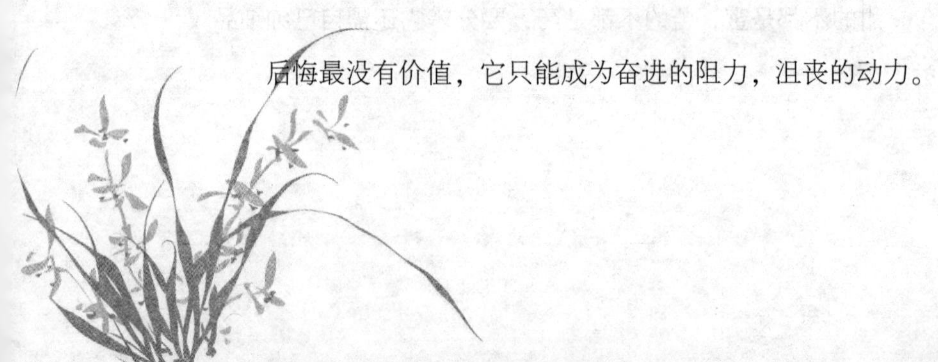

要想自己不痛苦，先得使别人快活起来。设身处地在任何时候都是必要的。

思绪的天空，只有让智慧的小鸟飞翔，才能唱出动人的歌声。

一个人最宝贵的是生命，最重要的是人格，最美好的应该是心灵。

播种行为可以收获习惯，播种习惯可以收获性格，播种性格可以收获命运。

是花总有谢落时，是马总有失蹄时，是人也躲不过失败与挫折。

文学家的笔是一颗心，政治家的笔是一把刀，哲学家的笔是一根神经。

苦难对于天才是一块垫脚石，对于能干的人是一笔财富，对于弱者是一个万丈深渊。

不要害怕贫穷，要做流浪的吉普赛人——即使一无所有也要永远歌唱。

轻易垮掉理智或道德的人，不是意志的薄弱者，便是道德的泯灭者。

甘于寂寞的人事无可成，不甘寂寞的人事将可成，耐得寂寞的人大事将成。

伟大在于渺小的积蓄，如小草编织了无边的春色，滴水汇聚了浩瀚的大海。

当一个真正的天才在世界上出现时，你可以用这个标志来识别他，就是一切蠢材都联合起来向他进攻。

一个人不听劝告不好，但若听任何人的劝告，则是一千倍的不好。

以攫人之美为乐者，理智一旦复苏后，将要承受终生的痛苦。

糟糕是无知之笼蒸出来的点心，若在庸人区里开一爿店铺销售，生意一定很好。

逆境是淫雨的季，奋斗是韧性的伞，成功是蔚蓝的天。

假使我们想找到快乐，就别再想感恩或忘恩，而只要享受施予时内在的欢乐。

此生最美妙的报偿之一是，凡真心尝试助人者，没有不帮到自己的。

叹息是弱者的习气；行动是强者的性格；愚蠢总是向骄傲的人招手。

桨本是直的，置于水中，投出的影子便是扭曲的了。

影子沾沾自喜于它的高大，人们都知道，这是远离光源的结果。

搏击风吧，但不要嫁给风，因为飞翔与飘浮毕竟两样。

细小的泥沙，经过千百年的聚积，也会变成高山。

走得再慢的人，只要不迷失方向，也比漫无目的的徘徊者走得快。

做一切力所能及的事，不求报酬，但求问心无愧。

纤纤小草不美么？别忘了，正是它驮来了绿意盎然的春天。

他只有二十岁，却对着活了无数岁的世界叫道：我看透你了！

乐于接受和风丽日的恩泽，也勇于经受暴风骤雨的冲刷，华表才格外奇丽。

讽刺是未曾开刃的花剑，它像拼搏那样进击，不过是为了指出同伴的弱点。

仔细回想一下：我们哪一回做蠢事时，不是自以为很聪明呢？

当别人一边听你讲话，一边肯定地点着头却一言不发时，你最好别再往下讲了。

世界上的语言各异，但所有的人都一样地哭，一样地笑。

为人类的幸福而劳动，这是多么壮丽的事业，这个目的有多么伟大。

埋进泥土的，并不都是尸体，也有那裹着硬壳的种子。

随手掐花的人，得到了暂时，失去了长远。

恒星是各种各样的，但都是灼热的，全都是发光的。

又爱美，又懒，于是便有了假花。

尽管日落西山，但太阳并没有休息，因为它负有战胜黑暗的使命。

攀上“人梯”肩头的，不仅有科学的探求者，还有巧妙的攀高者。

不是槌的打击，乃是水的载歌载舞，使鹅卵石臻于完美。

礼貌和友好的艺术，在于限制和隐藏自己的自我，而让他人的自我随意表现。

我们可能会认为自己最了解自己，其实总有我们不了解的东西，而正是这些东西为他人所注意。

感觉疼痛是苏醒的开始，只有这时，曾经枯萎的心才有希望复活。

善良的心肠比美丽的外表更加重要，纯洁的灵魂比成套的高级家具更加可贵，勤劳的双手比金钱和地位更有价值。

对自己的行为作出几种不同的解释时，我们就知道，自己正在掩饰某些东西。

酒是穿肠毒药，色是刮骨钢刀，财是钩命小鬼。

心境不乱，才能思有其理，行有其道。

假如是乌鸦，不管它是报喜还是报凶，人们都不会再喜欢它。

悲观者抱怨风，乐观者希望风向改变，现实者则调整风帆。

魔术无疑是假的。但你绝对不会因为“受骗”而斥责魔术师，反倒会称赞他的魔术高明。

保持年轻的秘诀是诚实地活着，慢慢地吃饭，而且别想年龄。

精力是一粒特殊的钻石，只有戴在事业者手上，才能闪闪发光。

一味左顾右盼、东张西望的行路人，跨出的步子不会是高远和稳健的。

我们对别人没有信心不外乎两个原因：第一是对他们不了解，第二是对他们太了解。

共同的事业，共同的斗争，可以使人产生忍受一切的力量。

摔上一跤并没有什么。只有认真反思昨天，才能创造一个璀璨的明天。

只看到别人的天才而惊奇，不知道别人付出了多少劳动，这是一种错觉。

渴望登上荣誉的殿堂，首先应明了，通往荣誉殿堂之路是一条崎岖不平的路。

道义要我们去做的事，未必就是我们愿做的事，但肯定是我们应做的事。

要知道凡是木已成舟便无法挽回，人们往往做事不加考虑，事后却有空隙去思索追悔。

一味地模仿别人，最终非但赶不上别人，而且也发现不了自己。

不要用感情将自身禁锢，思想只是行为的一种指示，行为才是人真正的目的。

世俗的观念就像古堡里的幽灵，谁也没见过，可谁都被吓得够呛。

当你在前进的途中遇到绊脚石时，要想尽一切力量砸碎它，防止它绊倒别的朋友。

骗人而不为人知异常困难，相反，自欺而不自知却十分容易。

大胆的见解就好比下棋时移动一个棋子，它可能被吃掉，但它却是胜局的起点。

涓滴之水终可滴穿大石，不是因为水滴的力量强大，而是由于昼夜不舍地滴垂。

正确的道路是这样的：吸取前辈所做的一切，然后再往前走。

犁的出现，是因为有荒芜的存在，有荒芜便有犁。

有人偷折了园中的花，反诬花园是罪恶的渊薮，不该以美色诱惑了他。

我们每个人不必为一些没说出的话和没做到的事觉得可惜，在如水流过的年华里，一定会有值得珍惜和收藏的记忆。

我们绝不呆呆地坐着空想，着实地去干点自己应干的事情，苦闷便不能乘虚而入。

热情是一种非常可贵的动力，但是同一切动力一样，必须充分认识它对各方面的影响才能用得恰当。

理解，是缩小彼此距离的标尺，是沟通思想的桥梁。

四、翠微品茗

读好书，交好友，学好人，做好事。

说实话，不说大话；说真话，不说谎话。

不怕苦，苦半辈子；怕吃苦，苦一辈子。

能吃苦，苦尽甘来；贪享乐，乐极生悲。

学大海，宽大包容；学大地，万般承担。

挺直脊梁，人见长；迈步正道，目标近。

日日行，不怕千万里；天天做，不怕千万事。

要学跑步，先学走路；要做大事，先做小事。

一艺在身，胜过黄金；一诚在心，胜过千军。

勤能补拙，俭可养廉，知而能行，终必有成。

前车之覆，后车之鉴；前事不忘，后事之师。

众志成城，投鞭断流；群策群力，泰山可移。

调不在高，有情则鸣；语不在多，有诚则灵。

受不了气，成不了器；受不了苦，成不了果。

读万卷书，行万里路，交万人友，创万年业。

求助于人，在所难免；乐于助人，在所不惜。

没有树根，就没有绿叶；没有健康，就没有人生。

不经风雨，长不成大树；不经百炼，成不了好钢。

面对选择时，需要智慧；作出决定后，需要毅力。

勤勉，掘开智慧的甘泉；坚韧，升起成功的曙光。

是盏灯，请给人以光明；是团火，请给人以温暖。

会说话的人，想了再说；不会说话的人，说了再想。

投你所好者，未必是益友；规你所为者，也许是良师。

心胸要放宽，度量要放大，脚步要放稳，目光要放远。

岁寒知松柏，患难见真情。路遥知马力，日久见人心。

应知天地宽，何处无风云；应知道路远，何处无险峻！

弓劲箭必远，流急水必深，云厚雨必猛，人韧事必成。

懈怠的人，难免遭遇失败；懒惰的人，终将一事无成。

平凡的，也许就是不朽的；古老的，也许就是永恒的。

浩瀚海洋，源于细小溪流；伟大成就，来自艰苦劳动。

汗珠，是生活的叶绿素，失去它，绿洲也会退化为沙漠。

困难可作磨石，以磨砺意志；坎坷可当浪涛，以冲洗灵魂。

做事精细不马虎，才会精实；为学精一不虚浮，才会精通。

山阻石拦，大江毕竟东流去；雪辱霜欺，梅花依旧向阳开。

大雁北飞，留下恋情和沉思；大江东去，追赶感情和太阳。

如崖畔青松，有风雨就有怒号；似深山流水，有不平就有歌吟。

热爱生命的人，如秋天般静美；热爱事业的人，如夏花般灿烂。

历史蒸馏谣言，人生吞噬丑恶，宇宙考验人类，未来孕育希望。

泪能医治悲哀，汗能消除烦闷。泪是人生的慰藉，汗是人生的报酬。

有入海抱负的江河，不埋怨堤岸的制约；有成材志气的树木，不拒绝园丁的修剪。

朝气是人生起航的汽笛，乐观是事业奋进的晨曦，自信是过滤得失的洗涤剂，自爱是纯洁灵魂的显影液。

不要乞求伞的保护，因为伞虽然可以为你遮住风雨，但也会挡住灿烂的阳光。需要庇护的人总是生活在阴影里。

美言是艳丽的时装，靠外在的光芒令人炫目；语言是深藏于海底的珍珠，因真实而有了分量。

对社会做出贡献的同时，也就是个人价值的实现，犹如果是花的贡献，也是花的价值的实现一样。

即使所有的青藤树都倒了，你也要站着；即使全世界都睡了，你也要醒着。

才能犹如种子，有时被无情地抛在沙砾中，甚至压在石头下，但终究是要发芽的。

不幸常可成为学问。切莫垂头丧气，即使失去了一切，你还拥有未来。

要有一颗刚强的心，即使是痛苦，也要当作一杯有滋味的美酒，细细地品尝它的香醇。

从来好事多磨延，自古瓜儿苦而甜。身逢逆境勤锤炼，风雪孕得艳阳天。

正因为有许多遗憾，生活才魅力无穷；正因为有无数挑战，人生才意义无限。

只要脚下走的路没有错，无需别人承认。名利从来是鲜花，也是枷锁。

平凡不等于平庸，伟大不能神化；谦虚不等于自卑，自信不该是自大。

不要一味地想走直路，绝对的直路只在想象之中；不要一味地想走平路，永远的平路会凝固你的视野。

卑劣的举止，只能暴露丑恶的内心；高尚的行为，才可展示美好的心灵。

没有风浪，显示不出大海的壮观；没有磨难，品味不到人生的乐趣。

有人碑上留名，而在民众眼里不如一粒草芥；有人碑上无名，却在人民心中树起一块丰碑。

理解并不等于赞同，原谅并不等于顺从，骄傲并不等于力量，真理并不等于板着面孔。

相逢是一种缘分，相识是一种际遇，相知是一种升华，相爱是一种责任。

名和钱一样，都是身外之物。名和钱不等于“人”，只有人格的力量才是一个永恒。

有德有才者惜才，有德无才者容才，无德有才者忌才，无德无才者毁才。

水只有自身洁净，才能冲刷污垢；人只有自身端正，才能为人表率。

莫像石灰石那样，遇到凉水后便分崩离析；而应像混凝土那样，遇到凉水后则愈加坚硬。

忧郁若能去掉多愁，便会升华为至高的睿智；豪放若能增加美感，便能产生无穷的气魄。

是希望播下的种子，是理想孕育的胚胎。世界上只有她最令人向往，她的名字就叫未来。

画一条青春的弧线，镶一片七彩的阳光，携一串欢快的音符，愿生活多采丰富而又真诚美好。

你有你的赤橙黄绿，我有我的青蓝靛紫，天空同属于我们，因为我们同样年轻。

饱蘸诚挚的友谊，挥洒纯真的情感，写下欢乐的诗章，吐露无悔的青春。

忠诚是爱情的基础，欺诈是友谊的仇敌，理智是幸福的保障，轻率是痛苦的开端。

风霜雨雪都要生活，春夏秋冬都要爱人，喜怒哀乐都要理智，甜酸苦辣都是营养。

正因为汇聚了千江万水，海才能掀起洪波巨澜；正因为积累起一点一滴，海水才永不枯竭。

红花的美丽，常常需绿叶的衬托；然而绿叶的美丽，却无需任何花朵的衬托。

沉沦不属于理想，苦涩不属于诗篇，悲容不属于春天，哀愁不属于青年。

倾听不仅是对别人的尊重，也是增长知识的重要渠道。一个有知识有才华的人，应该是善于倾听的人。

在感情的天平上，祖国的分量最重；在人生的跋涉中，事业的道路最长。

过放荡不羁的生活，容易得像顺水推舟，但是要结识良朋益友，却难如登天。

手拉手，可以环抱整个地球；手拉手，可以拥有整个世界。

奢侈，能使高山成为“平地”；勤俭，能使平地变为“高山”。

生活是严峻的，生命是痛苦的。一切幸福都具有转瞬即逝的性质，而痛苦却会长久地占据一个人的心灵。

当你要交一个最好的朋友时，也要千方百计找出一条他的缺点，否则他就会像一个完美的梦，使你早晨醒来时悔恨万般。

把简单的事考虑得很复杂，可以发现新的领域；把复杂的现象看得很简单，可以发现新的定律。

切莫总把自己视为珍珠，否则会产生被埋没的痛苦；还是把自己当作一撮泥土吧，默默地滋润着娇艳的春花。

坚韧顽强的松树，不企求优越的环境；淳朴无私的人们，不羡慕安逸的生活。

爱人之能，莫如学人之勤；慕人之长，莫如责己之短。

黑暗无论多么深沉，光明迟早还是要到来的。睡眠无论多么甜蜜，也迟早有清醒的时候。

舵手耳边的海风，是清醒剂；水手身旁的雪浪，是号角声。

人世间充塞着悲剧。而属于个人的悲剧，莫过于后半生的自己，全盘否定前半生的自己。

竞技场上讲谦虚，无异于宣告自己的失败；该需要毛遂自荐时，就要当仁不让。

秋天的丰收对我们是永恒的诱惑。但仅仅在夏季的树阴下做美梦的人，永远尝不到秋天硕果的甘甜，也永远感受不到收获的喜悦。

将权力视为资本的人，把威风错当威信；把人格交付利益的人，以盲从代替思考。

莫问收获，但问耕耘。有充满希望的起航，自有满载喜悦的归帆。

走过风雨，才会有清新娇艳的美丽；走过风暴，才会有坚强不屈的性格。

世间因为有遗憾，我们才追求完美；因为有苦难，我们才珍惜这有限的生命。

不会放弃的人，永远无法获得；怀旧的人，不知道什么叫眺望。

让邪恶远离你，让虚伪背对你，让幸福追随你，让欢乐拥抱你。

望着自己一周岁的纪念照，你明白什么是时光流逝，整理初恋时的旧情书，你懂得什么是蓦然回首。

不去点点滴滴的积累，哪有浩瀚的海水？不去朝朝夕夕的辛劳，哪有甜蜜的硕果？

只有突破黑暗，才能找到光明；只有克服困难，才能获得成功。

并不是所有美好的东西都必须逐一实现，正因为如此，我们才会进步，未来才显得那样有魅力。

知道看人背后的，是智者和唯美主义者；知道背后看人的，是奸雄。

下定决心，没有做不成的事；坚定意志，没有做不完的事。

轻财足以聚人，律己足以服人，量宽足以得人，身先足以率人。

付出，就像点燃烛光，可以照亮别人，也可以温暖自己。

穷则变，变则通。创意，是在没有办法中想出办法。

我们因为新生而感谢死亡，因为恋爱而感谢失意，因为幸福而感谢不幸，谁又能说我们是错的呢？

当对方等待的时候，你要敢于追求；当对方追求的时候，你要善于等待。

经历过严冬的人，更能感到春天的温暖；遭受过挫折的人，更能感到成功的快乐。

现实有时是残酷的，但未来是美好的。要永远对生活充满信心，但不要耽于幻想。

我曾对一条小溪谈到大海，小溪认为我只是一个幻想的夸张者；我也曾对大海谈到小溪，大海只认为我是一个低估的诽谤者。

大胆也可能走向莽撞，自信也可能走向固执，谨慎也可能流于懦弱，敏捷也可能流于轻率。

勇敢的山鹰在它未看准目标时，决不轻易降落；聪明的人在他不了解情况时，决不轻易发表自己的见解。

朝气是人生起航的汽笛，乐观是事业奋进的征帆，自省是过滤得失的洁净剂，自爱是纯洁灵魂的显影液。

顺利时得意忘形是可怕的，受挫时一蹶不振是可悲的；失败后亡羊补牢是可喜的，成功后奋进不止是可敬的。

把方便让给别人，大家为你分忧解愁；把困难留给自己，众人赠你勇气和力量。

在突如其来的灾难面前，最需要坚强和达观；在突然降临的幸福面前，最需要沉稳与慎重。

华丽的帷帐，遮掩的可能是颓废的幽灵；朴质的风帆，囊括的却是昂扬的激情。

愚蠢的人，把自己的成绩向别人炫耀；聪明的人，将别人的错误引为鉴戒。

属于每个人的道路，都在每个人的足下；属于每个人的历史，都在每个人的身后。

如果你选择了春光的明媚，就应该接受夏日的炽热；如果你赢得了秋日的丰硕，也应该拥有冬雪的晶莹。

今日勤奋中的平淡，必将迎来明日潇洒中的辉煌；今日怠惰中的平庸，只能迎来明日凄凉中的哀叹。

对待谦卑为怀的人，绝不应趾高气扬；对待傲慢狂妄的人，绝不能低三下四。

失去信义而赚来的金钱，应结算在损失的账目里；失去信义而赚来的荣誉，应结算在耻辱的账目里。

兴趣和爱好可以诱发人才，能力和方法可以培育人才，勤奋和意志可以铸造人才，理想和目标可以激励人才。

要想脚印留得深，就别尽拣光滑舒适的路上走；要想有所收获，就别盼时机的恩赐。

不要悲观失望，不必叹息埋怨，既然太阳上也有黑疵，人世间的事情就更不可能没有缺陷。

一个诚挚的微笑，一次心灵的碰撞，哪怕寂然无声，也远

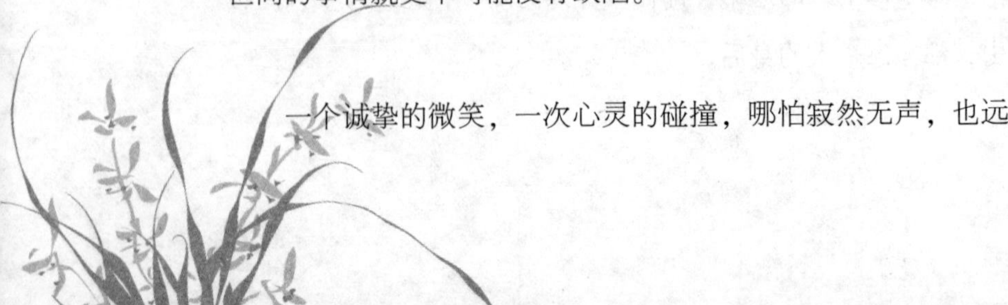

胜过雷鸣般虚张声势的海誓山盟。

青春是一轮喷薄升起的太阳；爱情是一轮纯洁圆满的月亮。用这两个轮子驱动生活，何惧前进道路坎坷曲折?!

挑战和竞争，在豁达大度的人眼里，既是一种鞭策，也是一种乐趣。

经受严酷的隆冬，冲破坚冰的冻土，耐住料峭的春寒，定能迎来温煦的和风。

所谓知足，并非不思进取，而是在努力耕耘之中不奢望，不贪欲。

如果你曾经有过不幸的经历，这当然很不幸；但如果你没有过这样的经历，这可能更不幸。

我们是山，就要站成山的雄伟；我们是水，就要流成水的壮阔。

想一步登天者，是狂妄；想一夜惊天下，是做梦。

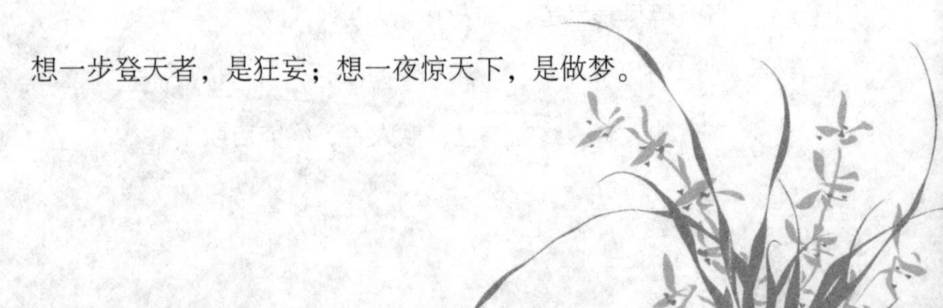

你不要离开大地，大地是开花的原野；你不能没有想像的天空，天空有希望的彩虹。

走，不必回头，前面是太阳，前面是朋友。

拳头，使人屈服；舌头，使人诚服。

看别人爱得如痴如醉，说别人是疯子；等到自己如痴如醉时，又说别人是傻子。

花儿的红，终究红得有些虚飘。高粱的红，才红得那样沉实。

骗子知道骗术就像手纸，是不能反复使用的。遗憾的是几乎所有的老实人，对此却一无所知。

君子爱财，取之有道；小人爱财，不择手段。

任何值得做的事，都值得做好；任何值得做好的事，都值得做得尽善尽美。

骗人者，终究骗己；欺人者，终究自欺。

你不要把那人当作朋友，假如他在你幸运时表示好感；只有那样的人才算朋友，假如他能解救你的危难。

走过童年的乐趣，走过少年的诗意，难以走过的，是青春的绿草地。

语言不是蜜，却可以粘合一颗破碎的心；语言不是刺，却可以刺伤纯净的灵魂。

面对财富，不能采取不正当的手段得到它；面对危险，不能采取不正当的手段逃避它。

生铁投进熔炉，不一定都能炼成钢；经不住烈火熔炼的，将是废渣一堆。

乞求来的荣誉，是纸扎的花；恩赐的荣誉，是泥捏的珠宝。

如果做一把刀，就要带上闪光的锋芒；如果做一把锤，就要带上呼啸的力量。

在观望者的幻想中，远山永远是一缕虚无缥缈的青烟；在跋涉者的向往里，远山渐渐露出壮美的峰峦。

没有意志的人，一切都感到困难；没有头脑的人，一切都感到简单。

如果你是一只真正的雄鹰，就不必畏惧高空多风；如果你是一只矫健的海燕，就不必担忧大海浪凶。

无休止地等待，等于无休止地后悔；无休止地后悔，等于无休止地荒废。

成见不可有，主见不可无，偏见是大忌，预见最难求。

幽默不等于油滑，讽刺不等于挖苦，议论不等于吹牛，抨击不等于辱骂。

研究学问要持之以恒，恒则必有所成；探求真理要戒之以袭，袭则定无所进。

勇敢如无智慧结伴，将会危机重重；热情如无理智加盟，将会产生悔恨。

种植一株新绿，得到一片荫凉；播下一份真诚，缔结无数爱心。

有多大的责任感，就有多强的事业心；有多盛的求知欲，就有多旺的创造力。

既然渴望春天，何必把自己镶进冬日的画框；既然永不满足，又何必蜷缩在记忆的驿站。

快把种子和信念，播进春天的土地，让青春的嫩绿和贡献的金黄，写进我们生命的履历。

美丽的浪花，是在海浪与礁石的猛烈撞击中开放；人生的价值，是在艰苦的斗争中显现。

最清纯的情是友谊，最美的影是回忆，最醉人的酒是别离，最深的海是相思。

给别人带来不幸的人，也能给自己带来不幸；给别人带来幸福的人，也能给自己带来幸福。

对于金钱，越贪婪精神越空虚；对于知识，越渴求精神越充实。

什么都可怀疑，但不是什么都可不信；什么都可了解，但不是什么都可接受。

没有永恒的阳光，没有不化的坚冰，没有纯粹的欢乐，没有绝对的不幸。

春天对小草来说，每天都在新生；秋天对果实来说，每天都在成熟。

有的人背影用鲜花簇成，有的人背影用唾骂堆成，有的人背影越远越逼真，有的人背影越近越模糊。

一簇火焰再光亮，离开了燃烧的炉膛总归要熄灭；一颗水滴再晶莹，脱离了浩瀚的大海最终要干涸。

被一个人误解了，这是烦恼；被许多人误解了，这是悲剧。

雪里送炭是人生的一种温暖，能教育人；雪上加霜是世间

的一种残酷，会伤害人。

头脑贫乏——青春的颜色因此苍白；心灵丰富——生命的光辉所以壮丽。

站在自己的心上生活，心便沉重；站在别人的渴求中生活，心便轻松。

欢乐后的欢乐，是欢乐的和；痛苦后的欢乐，是欢乐的积。

在阴暗的地窖里，永远看不到怡人的春色；在紧锁的心房里，感觉不到他人的赤诚。

预言丰收是轻松的，它可以用绚丽的彩笔去描绘；创造丰收是艰辛的，它需要用无数苦涩的汗水去浇灌。

成功要靠自己拼搏，幸福要靠自己收割，机遇要靠自己寻找，命运要靠自己把握。

亲近土地，才会不失本源；拥抱太阳，就是追求光明。

昨天的幻想，可能变为今天的现实；明天的现实，还需用今天的辛勤去栽培。

失去了信心，生活就像断了弦的琴；失去了恒心，人生恰似没有油的灯。

只有愤怒的海，才能创造沙滩的光洁与柔软；平静的湖边，只有污泥。

活得有趣，年老的会变得年轻；活得无趣，年轻的会变得年老。

被不幸所击倒，是最大的不幸；精神之灯灭了，心中便一片灰暗。

沿着别人走出的道路前进时，应该踩着路边的荆棘，因为这样走多了，就能使道路增宽。

火把往下垂的时候，火舌还是一个劲地往上烧；正直的人在危险的时候，越发显得光明磊落。

夏天嫉妒春天美，独占着那么多花，秋天却用饱满的籽实，珍藏着对春天的爱恋。

调味的辣椒虽少，却能使食物更加可口；有用的话不一定多，也能给人以深刻启示。

说世界上没有坏人，往往会受到许多好人的反对，说世界上没有好人，必然受到好人和坏人的共同反对。

钉子越是遭受打击，越是不停地进取；钻头即使被埋没了，也不放弃追求。

站在山顶和站在山脚的两个人，虽然地位不同，但在对方的眼里，却是同样的渺小。

当我们不愉快的时候，总是埋怨和错怪别人；当我们愉快的时候，总是沉浸在自己的愉快之中而忘记了别人。

立志是一件很重要的事情，工作随着志向走，成功随着工作来，这是一定的规律。

乌龟生一千个蛋，谁也不知道；母鸡生一个蛋，也要吵吵闹闹。

如果一个人从肯定开始，就会以疑问告终；如果他准备从疑问着手，就会以肯定结果。

我不是星，不是宝石，是萤火虫；夜行人一点希望。

语言，永远是跛脚的使者；沉默，才是最忠诚的伴侣。

不讲仪表，给人以散漫之感；专讲仪表，给人以假意之情。

甜果和苦果，常常是同一棵树上结出来的，被虫子咬坏的，常常是甜果。

眼睛总是离不开教案的教师，犹如拄着拐杖的瘸子，自己尚且不能自由行走，岂能带出万里驰骋的学生。

零，只有和实数联在一起才有意义；思想，只有和行动联在一起才有成绩。

生气，不如争气！可惜，生气容易争气难。

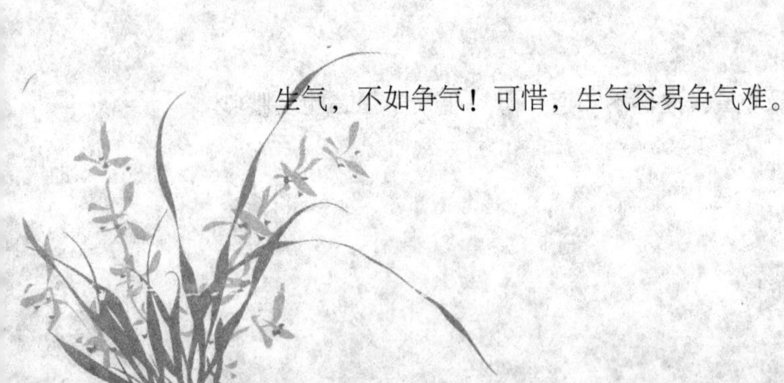

既然世界上没有完人，也就没有绝对完美的品格，世界上有圣洁，却没有圣人。

赢得起输不起的人，当不了真正的冠军；无能却有领导架子的人，当不了优秀的领导。

感情最好任其自然，至少你要相信，离开了感情，你还保留了自己。

从沙漠回到绿洲的人，更加热爱绿洲；从绿洲走向沙漠的人，心中有一片更美的绿洲。

欢乐叫人过得快活，也易使人变得俗气；痛苦使人活得难受，但能教人学会奋起。

平坦的路好走，却磨炼不了意志；浅显的知识易学，却创造不了奇迹。

别人所苦苦追求的，不一定是我的向往；别人所崇拜的，不一定是我的偶像。

只有竹子那样的虚心，牛皮筋那样的韧性，烈火那样的热情，才能产生真正不朽的艺术。

目标并非归宿，因为生活在不断地变化，当你到达既定的目标，应选择更高的目标继续跋涉。

事业和奉献，构成丰富多彩的人生；爱情和道德，编织美好幸福的未来。

缺少志气的人常说：“我怕……我想……”；满怀志气的人爱说：“我敢……我要……”。

来自纯洁心田的愿望，即使没有成功，没有达到目的，毕竟也会带来很大好处。

给毒蛇以温暖，毒蛇仍是毒蛇；给雪以温暖，雪不再是雪。

我认得大海了，他原是大地上的涓涓细流；我听懂涛声了，他在歌唱大地上的出生地。

在代数里，负数比零要小；在生活中，没有灵魂比无知更糟。

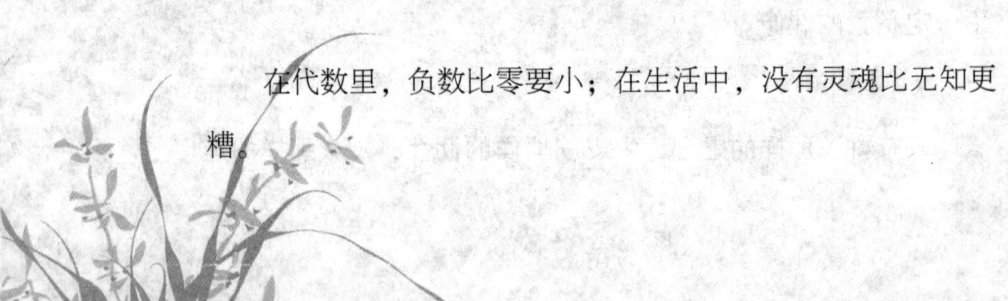

隐藏的忧伤如熄灭之炉，能使心烧成灰烬；一个人思虑过多，就会失去做人的乐趣。

前人铺成的路，总要走到尽头。惟有自己再筑新路，方能不断进步。

如果有一天，长舌妇或长舌汉也登上了宇宙飞船，大地很快就会风传：嫦娥与吴刚的关系不正常……

当你向着一定的目标走去时，该不时地回过头去望望，这决不意味着却步，而是为了更稳健地向前迈进。

秋天是收获的季节，同时又是对来年收获充满期望的季节。忙于收获固然是当务之急，可别忘了及早地播种。

言语是思想的衣裳，是心灵的窗户，透过这个窗户，可以洞察一个人的精神世界。

五、心湖涟漪

跋涉过，才知道崎岖坎坷；失去过，方懂得拥有现在；奋斗过，更珍惜人生苦乐。

虚心，是丰收的信号旗；专心，是成功的金刚钻；妒心，是毁灭自己的恶性瘤。

聪明的人，今天做明天的事；懒惰的人，今天做昨天的事；糊涂的人，把昨天的事也推给明天。

对市侩的傲慢，不等于自大；对骗子的说假，不等于狡猾；对朋友的单纯，决不是精神世界的贫乏。

怕跌倒，学不会走路；怕碰壁，找不到出口；怕失败，见不到成功。

你若失去了财产，你只失去了一点；你若丢掉了荣誉，你就丢掉了许多；你若失掉了勇气，你就把一切都失掉了。

花，在黑暗中也是香的；种子，在泥土中也是活的；黄金，在垃圾中也是夺目的。

花瓣死了，果实还在；果实死了，种子还在；种子死了，希望还在。

青春苦短，别让闲言耗费生命；事业辉煌，莫为碎语耽误前程。前进道路既已选定，就要奋然前行。

再黑的夜，也遮不住声音的传播；再大的风，也吹不灭太阳这盏明灯；再难的事，也挡不住有志者的脚步。

在小孩眼里，我们是大人；在大人眼里，我们是小孩；在我们眼里，我们就是我们。

滴水，可以穿透顽石；微雨，可以滋润幼苗；慈爱，可以医治心灵的创伤。

给小草以轻柔细语的，是春风；给鸟儿以清脆啼声的，是树林；给朋友以温馨幸福的，是友谊。

量小气窄，是为无能；见浅识陋，是为无谋；刚愎自用，是为无智。

生命，从小溪的流淌中获得；青春，在飞流的倾泻中闪光；存在的价值，于大河的奔流中呈现。

读万卷书，行万里路，识万般友，吃万种苦。艰难困苦，玉汝于成。

知退，知足，还知趣；忘物，忘我，亦忘忧。

把你不太需要的东西，送给比你更需要的人，这是施舍；把你自已最需要的东西，送给也需要他的人，才叫慷慨。

是劲松，就是在暴风骤雨中，也会巍然屹立；是弱柳，就是在轻拂的微风里，也会摇摆不止。

不怕身上有尘土，洗一洗，除去脏物；假如视而不见，天长日久，尘土会变成坟墓。

吝啬的人是瞎子，他只看见金子，看不见财富；挥霍的人也是瞎子，他只看见开端，看不见结局。

如果你想得到甜蜜，就将自己变成工蜂，到花蕊中去采撷；如果你想变得聪慧，就将自己变成一尾鱼，遨游于书的海洋。

绿草，虽然普通，却显示了蓬勃生机；劳动，虽然平凡，却给人以方便温馨。

金杯里的美酒，味道是甜的，但它能加速贪杯者的沉醉；野地里的黄连，味道是苦的，但它能医治患病者的疾病。

正直的树木，形象总是高大，即使披着风雨；爬行的草芥，影

子总是卑下，即使浴着阳光。

一个正人君子跌倒，只跌倒一次，像是一个皮球落地；一个小人跌倒，像是一块泥土，跌倒后再也爬不起来。

树要成长，一岁一圈年轮，岁岁增大；人要进取，一步一个脚印，步步向前。

帆，正因为要驶往彼岸，才告别此岸；人，要奔向明天，就要勇敢地走出今天。

有了言路，心灵才会沟通；有了思路，思维才有深度；有了道路，青春才更风流。

常常凝思宇宙的浩渺无际，时间的茫无头尾，会使心灵在重负下受伤；永不意识到宇宙的浩渺无际，时间的茫无头尾，会使心灵永远轻浮浅薄。

热情能使人纯净，出污泥而不染；热情能使人脱俗，摆脱金钱的束缚。一个人丧失了热情，就失去了希望。

意志薄弱的人为了摆脱孤独，便去寻找安慰和刺激；意志坚强的人为了摆脱孤独，便去寻找充实和超脱。前者因为孤独而沉沦，后者因为孤独而升华。

小树追求阳光，是为了长成栋梁；风帆追求大海，是为了破浪远航；人生追求事业，是为了实现理想。

大家都头脑发热的时候，谁先冷静，谁就是智者；大家都表情冷漠的时候，谁先热血沸腾，谁就是英雄。

坚强有力的翅膀，能冲破云雾，迎来霞光万道的红日；长满厚茧的双手，能披荆斩棘，创造出如花似锦的未来。

把痛苦当作一杯苦酒的人，迫不得已地喝下去，随即就酣醉不醒；把痛苦当作一级台阶的人，憋足气力登上去，眼前展开一片更广阔的天地。

我从不嘲笑失败者，却嘲笑旁观者，旁观者永远没有希望。那些把失败举在头顶上当免战牌的人，永远是失败的俘虏，是永远不会品尝到胜利与成功的喜悦的。

平凡，但不平庸；大胆，但不大意；谦让，但不迁就；勇敢，但不横蛮。

事业上的朋友，在于诚；学业上的朋友，在于挚；生活中的朋友，在于善；忘年交的朋友，在于心。

失去重心，人要跌倒；失去虚心，人要撞倒；失去信心，人要躺倒；失去良心，人要烂掉。

见义勇为，弱者能敌强徒；忘义苟安，壮汉不救危难。对“过街老鼠”，绕道行者耻，空喊“打”者伪，堵其“洞”者荣。

坦诚得太一览无余了，反而索然寡味了；直率得太没有余地了，反而缺情少义了；宽厚得太无边无际了，反而弄巧成拙了；批评得太没有退路了，反而物极必反了。

越是稠密拥挤，树越往上长，终于挺拔入云，参天耸立；越是竞争较量，人越有作为，终于建功立业，成绩斐然。

严肃不可孤僻，活泼不可风流；稳重不可呆板，尊重不可迁就；热情不可轻狂，和气不可盲从；沉着不可寡言，玩笑不可伤人。

靠别人代为流血的，不是战士；靠别人代为孕育的，不是娘亲；靠气流的宠幸升腾的，不是飞翔；靠狂风的骄纵嘶叫的，不是歌唱。

在水上，鹰能叼鱼；在水底，鱼可食鹰。在这里，此强彼弱；在那里，此弱彼强。

忧郁瓦解堡垒，豪放构筑长城；忧郁使强大变得平凡，豪放使平凡变得强大；忧郁的人是一块渐渐凝固的冰，发出的是冷；豪放的人是一团熊熊燃烧的火，放出的是热。

任重道远，说的是责任；大路通天，说的是希望。有责任在肩，有希望在心，我们的步伐才会坚定，才会勇往直前。

抛去盲目，拥有了持重；抛去狂热，拥有了冷静；抛去贫乏，拥有了知识；抛去犹豫，拥有了坚定。

与其临渊羡鱼，不如退而结网；与其高谈阔论，不如埋头苦干；与其怨天尤人，不如正视自己；与其牢骚满腹，不如从我做起。

六、物语小思

煤，从不披上华丽的外衣，称它黑子，它毫不介意；赞它乌金，也不沾沾自喜。为了把光明和热贡献给人类，心甘情愿化为灰烬、尘泥。

煤只有在燃烧时，你才能窥见它那颗火热的心。

煤炭之所以被人们喜欢是因为它总是无声无息地贡献出全部精力而不夸耀自己；人们讨厌竹篙是因为它刚刚燃烧起来就吡吡啪啪吵闹不休唯恐人家不知道。

梁，有的是钢筋铸就，有的是赤背红松。千丈大厦，五尺草房，都离不开它任劳任怨。一个人要有梁的性格，才能把革命大厦搭在肩上。

秤，你平等待人，不择贵贱，担子越重头昂得越高。一是一、二是二，是你的行为准则；忠于职守，不瞒不贪，是你的秉性。

秤虽貌不惊人，却心地正直，童叟无欺。

伞，必须有坚硬的骨骼，才能肩负起为他人遮阳挡雨的使命。做一把伞吧！它保护人们，人们把它举到头顶。

伞，总是把方便让给别人，将困难留给自己。在盛夏酷暑，你舒展全身，承受烈日的灼烤，把阴凉贡献出去。在风雨来临之际，你挺身而出，不使人们受到侵袭，哪怕全身淋湿也在所不惜。完成任务之后，你尽可能地缩小身躯，不居功骄傲，不夸耀自己。

伞，封闭着是毫无作为的。

伞，只能遮住头顶的雨，却无法挡住身边的风。

伞用铮铮钢骨撑起一方晴空，走向风雨人生。

伞沐浴在阳光雨露下，才绽开成一朵花。

帆，早上，它第一个披上火红的朝霞；黄昏，它最后送走金色的夕阳。它能引风八面，送航千里。

帆，别小看这九丈白布一根桅杆，有了它，船能乘风破浪，奋勇前进。谁要是没有雄心壮志，谁就会像无帆的船——搁浅在时代的沙滩。

帆，敢于挺胸追求进步，方能得到风的真诚帮助。

帆，一旦离开了劲风，船只能一落千丈。

帆虽则时常洋洋得意，却永远是风的奴隶。

帆鼓得满满的，船疾行如箭。帆得意自负：“离开了我，船，寸步难行”。风停了，帆被落下了桅杆，帆只是一块柔软的白布。

帆呀，为什么顺风时你笑逐颜开，而逆风时便销声匿迹？

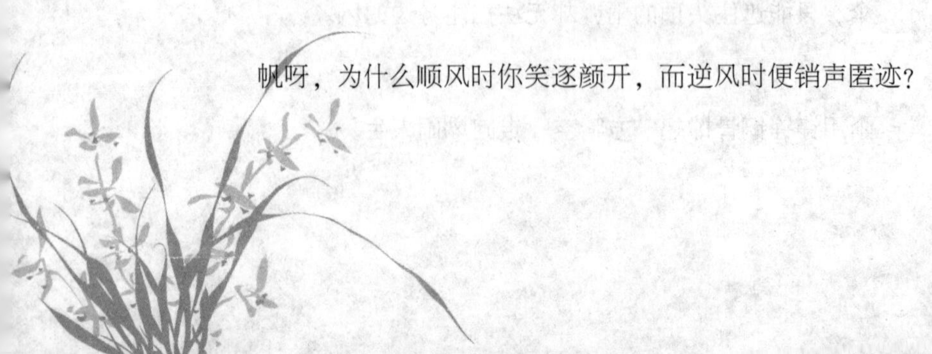

帆的性格——向前，帆的理想——彼岸。切不可遇上风浪、漩涡、礁石而改变性格，抛弃理想。

雪白的帆，敞开豁达的胸怀，鼓风推舟，破浪向前。它从不懒惰和怯懦。在同风浪的搏斗中，总是那样昂首阔步，沿着既定的航向。在浩瀚的大海，早晨，它第一个披上火红的朝霞；黄昏，它最后送走金色的夕阳。

舵，在船尾默默地工作。白天黑夜，春夏秋冬，它始终如一地把握着航船前进的方向。它不图表现，不怕艰苦，不计报酬，坚守岗位，甘当无名英雄。

锚，把自己的命运紧紧地系在船上，时刻听从船的召唤：起航，心甘情愿地挂在船尾，忍受风吹日晒的剥蚀；靠岸，义无反顾地跳下大海，泊下一路的安宁。

桥，有形的能承受千车万载，无形的使感情融会流通。

钟，年年月月脚步不停，童叟无欺，心地公平。你为勤奋者留下青春；给懒惰人添上银鬓。

锁，忠诚地守卫着大门。它铁面无私，只要钥匙错了一星半点，休想求它敞开胸怀，任你出进。

网的精明，就在于它会筛选。

尺善于发现别人的长处，也不回避人家的短处。

灯是黑暗里开放的最美丽的光明之花。

酒能醉死健康的灵魂，却灌不满孤独的世界。

砖，没有婆娑的舞姿，没有动人的歌喉，没有沁人心脾的馨香，然而，它却有高尚的风格：埋在房基下，决不叫苦连天；砌在大厦上，决不自炫自夸！

砖有一副硬骨头：不怕风吹雨打，冰冻火烤，敢于蔑视一切困难，春夏秋冬，日日夜夜为人们遮挡风寒；它有钢铁般的纪律：人们把它安排在哪里，它就在哪里纹丝不动，忠于职守，肩并肩，手拉手；它有独特的性格：有棱有角，淳朴无私，脚踏实地，不滑不圆；它有献身精神：一生一世，任劳任怨，不讲价钱，默默无闻作贡献。

砖不计较地位的高低，才有高楼大厦的崛起。

砖惟有在集体的宏伟事业中，才表现出自身的价值。

砖若不经受熊熊炉火的洗礼，永远是中看不中用的土坯。

砖块和砖坯本来出自一家——粘土，可它们并不能履行同样的职责。砖块能在万丈高楼里充当一名称职的勇士，而砖坯不能在风雨交加时保持自身的完整。这是因为砖坯还只是一块“泥”，而砖块已在烈火中练就了一副坚强的性格。

土坯投进火里烧成砖，掉进水里烂成泥。

钢是在烈火和急剧冷却里锻炼出来的，所以才坚硬和宁折不弯。

钢水的生命价值不在于发热发光，而在于如何去塑造自身。

钢筋没有外表的光华，却有坚强的品格。它把自己溶进沙石水泥的集体中，撑起桥梁与大厦，任凭风吹雨打。

钢筋，严严实实被混凝土裹住，从来不抛头露面，默默支撑高楼大厦，让人们遮风避雨。

枕木，对那擎撑大厦的华丽壮观的支柱，对那装饰亭阁的雕龙刻凤的飞梁，虽有羡慕而无嫉妒。为了执行光荣的使命，匍匐着正直的躯体，不分昼夜地承担着千吨重荷。

枕木躺倒了，仍不忘肩上的重任。

枕木俯身承受着时代的重任，从不计较自己地位低下。

枕木被截削成形，整整齐齐地躺卧于大地上，捐起长长的一条通衢，坚定地用身躯将列车顶起，让滚雷挟着笑语流去。它是在死后才开始生命的旅行，才开始壮丽的奉献，才开始日日夜夜倾听那惬意的心曲——时代列车富有节奏的奔跑声。

车轮，不停地向前奔驰，在于脚紧贴着坚实的大地。

车轮不愧是烈火与高压诞生的儿女。她一投入生活，就迈出前进的步伐；她不追求头角峥嵘，因而能到处滚动；她不因为到达终点，而放弃继续向前的旋转。她的可贵在于磨损自己，在于紧贴坚实的铁轨，在于前进而不原地彷徨。

车轮的生命在于滚动，人生的意义在于拼搏。

车轮如果惧怕阻力和摩擦，它就永远迈不开前进的步伐。

速度飞快的车轮，总是不声不响；性能低劣的车轮，反而叽叽喳喳。

铁轨面对面苦恋终生却永难拥抱。

基石，它总是置身于最底层，从未有过怨言或哀叹。它用身躯支撑着整个大厦，负重万钧，却不曾弯一弯腰。

石子，既没有光华迷人的外表，也没有闪光耀眼的色彩。然而，它却有着坚强的品格、无私的精神、金子也不能取代的实用价值。当它和黄沙、水泥搅拌，浇灌成钢筋混凝土结构以后，可以撑起飞越天堑的桥梁，耸起擎天的高楼大厦，锁住奔腾咆哮的江河。

石头，可以站在路面上，成为人们的绊脚石；也可以铺在路面上，让前进的车轮从上面飞驰而过。

铺路石没有五彩的花纹，不惹人注目地铺在大道上。烈日暴晒，风雨冲刷，练就了坚硬的身躯。春夏秋冬，忠实地坚守在自己的战斗岗位上。

铺路石勇于献身，是为了铺平并延伸人们脚下的路。

假山石本是真山石，被凿下来搬入花园，虽然它的天工奇姿受人赞赏，身价倍增，但不得不背负着“假”的名声，只缘它离开了自己的根。

燧石无法忍受各式各样的打击，所以才怒火飞迸。

辐条，一根根挺着笔直的身躯，紧挽着臂膀把车轮支撑。它们丝毫不感到有任何约束。因为它们跟着车轮，才有着万里鹏程；离开车轮，将会寸步难行。

铁锚忠于职守，钓上一江平安。

灯塔与暗礁终生相伴，却一世为敌。

日历，你带着庄重的神色，来到了前任的位置。你是那样的公正，给每个人以同等的阳光，给每个人以同样的笑颜。你给勤奋者带来丰收、喜悦与朝气勃勃的青春；你给慵懒者留下

贫穷、忧伤与未老先衰的容颜。

日历的每一页都是希冀的羽翼，每一页都是搏击的风帆。

镜子不需要别人的夸奖，也不喜欢他人的埋怨，惟一的愿望就是把真实奉献。

镜子只能照出你的外貌，生活却能窥察你的灵魂。

镜子即使被摔成碎片，也是一双诚实的眼睛。

镜子伫立人前，并不是炫耀自身光洁。

镜子，天天和主人照面，哪怕主人脸上有一星灰尘，头上有一缕乱发，都如实反映，毫不隐瞒。

镜子，心目中只有别人。

镜子不因被人称赞或埋怨而改变求实的信念。

镜子即使面对强权，它也不隐瞒自己的观点。

玻璃不遮不掩，才赢得人们的喜欢。

玻璃若接受他人的涂脂抹粉，就会布满阴影。

砂轮为刀刃锋利，宁可献出自身。

砂轮之所以能使刀锋利，是因为凝聚了每颗沙子的力量。

火柴是值得歌颂的，因为它的一点火星，会引来腾腾烈焰。

火柴用自己的头颅，换取闪光的一生。

火柴，用自己的生命之火，去点燃人们希望之火。虽然瞬息即逝，却让自己的生命放射出光辉。

火柴在毁灭自己的同时，却照亮一个世界。

火柴的一生虽然短促，发出的光亮却是全部。

火柴躺着不是为了休息，而是随时待命出发。

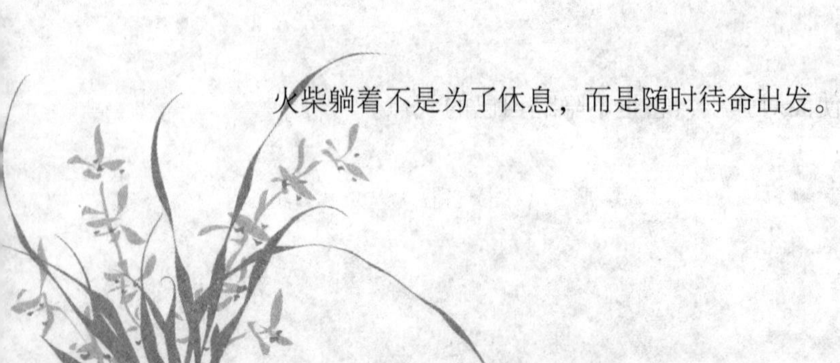

火柴身躯细小，生命短暂，却没有一点自卑。它排着整齐的队伍，信心百倍，时刻等待着人们的挑选。它的全部理想就是：燃掉自己，为人类贡献一点光和热！

火柴如果回避摩擦的痛苦，它的一生将是黯淡无光的。

火柴，你深知燃烧会毁掉自己的骨肉，但还是高擎着橘红的火焰去照亮别人。你生的赞歌与死的葬礼同时进行，但你从不吝啬自己，仅有一次燃烧，也甘愿把整个身体投进。赞美你啊，无私的火柴！

火柴没有头脑，哪有价值?!

火柴被人们讥笑一擦就着，一吹就灭。然而谁又知道，火柴燃完了自己时，却又壮大了别人。

圆规满足于前进了一步，便在原地打圈圈。

圆规尽管失去了双臂，仍用脚做扎扎实实的奉献。

弹簧的弯曲与钢梁的挺直一样，都是接受重压的考验。

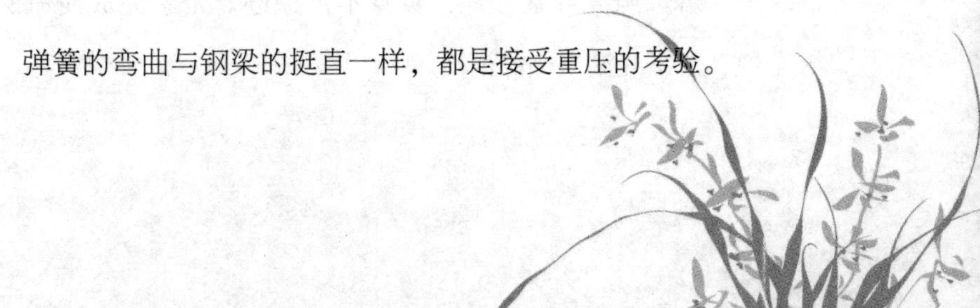

弹簧能伸能缩，并非缺少坚强的性格。

酒盅的容量虽小，却翻腾着大海的狂涛巨澜。

扇子得宠于狂热之中，冷静后便被搁置。

扇子一年只工作四分之一的时间，还尽说风凉话。

鞋子历尽磨难，只为撑起崇高的人生。

鞋子若洁身自好，便将裹足不前。

鞋子被抬举得越高，生命就越没有意义。

红烛不是为黑夜的来临而伤心流泪，它是用生命的火光迎接太阳的金辉。

红烛发光发热，其实就是流血流汗。

蜡烛照亮斗室寸地，焚身不留踪迹。带着完成使命的愉悦，流下几滴炽热的泪珠。

蜡烛最受人称颂，因为它从头燃烧到脚，一身光明，发出全部的光和热。

蜡烛既然甘愿奉献，又何必悔恨流泪？

蜡烛流泪是对点燃自己的人的感激，因为它懂得，生命的价值在于燃烧。

车灯不嫉妒灼热的太阳，不攀比皎洁的月亮，只愿在黑暗中，为跋涉者奉献一束光亮。

唱针走的是以自我为中心的路，所以只会越走越短。

雷达有追求，才有发现。

图钉遇到坚墙硬壁，也要委曲求全。

路碑宁肯靠边站，也不做前进路上的绊脚石。

木桶所以滴水不漏，是因为铁箍把它紧紧围住。

车闸偶尔阻止一下转动的车轮，才保证了车轮更好地转动。

车铃在提醒别人的时候，总不忘先敲打自己。

车铃老嚷着要别人让路，所以永远唱不出动听的歌。

筛子，识别真假与优劣，确需多些心眼儿。

烟囱的悲哀是，它为人们排送了烟尘，又被人指责为环境的污染源。

槌子虽小，却能擂响震天大鼓。

时针坚持用有限的半径，测定无限的周长。

烟花挖空心思博得别人的一笑，却毁了自己的一生。

烟花一旦燃烧自己，便能在空中组合成美丽的图画。但若没有光和热长久的聚积，又怎么会有瑰丽的瞬间？

爆竹仅仅是一时的冲动，就彻底地断送了一生。

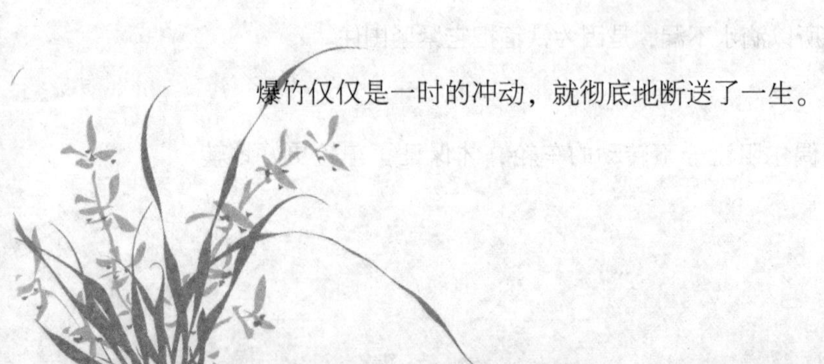

爆竹，为了人们的欢乐和喜庆，不惜自己粉身碎骨。

爆竹拼命地寻欢作乐，其结局总是悲哀的。

风筝情系大地，心在蓝天。

风筝挣断了线轴，挣得的可不是自由。

风筝靠一阵风就想上天，竟然忘了从什么地方起飞。

风筝尽管能青云直上，飞黄腾达，但最终还是主宰不了自己的命运。

风筝一旦割断牵连，就没有了生命。

风筝在半空中浮来浮去，飘飘然，尾巴翘上了天；然而一旦没有了风，它就会一头栽落到地上。雄鹰却靠矫健的双翼，自由自在地翱翔苍穹，它是天空的主人。

枕头在其宽厚的机体上，即使高贵的头颅也得放下架子。

像棋使楚汉之争持续了千百年，厮杀了无数回。

假发值钱的原因，不仅在于弥补了秃顶者的缺憾，更在于其直言己假。

手杖因扶起他人，才显出自身价值。

冰箱以冷漠的厚爱问世，以隽永的真情奉人。

钻石不肯舍弃桂冠和王宫，怎能理解饥饿与贫困？

珍珠只能炫耀自己的富有，而种子不但创造世界，还创造着美。

锯子伶牙俐齿，专做离间之事。

锯子以自己的经历告诫人们，处理问题应坚持一分为二。

灯泡心中有的全都亮出来，不愿干遮遮掩掩的事。

钟摆心中老是感到不平衡，因此永远找不到平衡。

唢呐自我表白得婉转动听，来自于他人的吹捧。

海螺死去并非万事皆空，留下一个外壳，也要让人们吹响生命的号角。

警笛，没有音乐那么悦耳，不及鸟语那么清脆，不如赞扬那么动听。它只知报警，因为它总是抱着这样的信念：在前进的道路上，既缺不得鼓人奋进的战歌，又少不了促人警觉的忠告。

扫帚，它没有高炉那庞大的身躯，也没有炼塔那耸入云端的威仪。然而，它不怕脏累，脚踏实地，哪里艰苦，就到哪里，它用辛勤的劳动，给人们带来洁净的环境。

气球，本来是腹中空空，只有一张薄皮，却偏要装扮得五颜六色，炫耀自己。它不知道哪里是立足点，只会顺风飘荡。到头来，落个空中爆裂，成为几块碎皮。

气球得到一口气的吹捧，飘飘然就想上天。

气球，因为它内心是空的，所以，只有吹嘘才能使它得到充实和满足。

气球只爱风的吹捧，却挨不得针尖大的批评。

犁铧，在不停地掘进中磨砺闪光的锋芒。

痰盂虽然藏污纳垢，却无人笑它不爱清洁。

钉子在别人的打击下，它更加坚定了自己的立场。

钉子受打击后挺起腰杆，方能继续进取。

钉子为什么那样擅长“挤”和“钻”？因为它最懂得扬长避短的真理。

橡皮不厌其烦地为人纠正错误，以至自己一天天消瘦下去。

钢笔如果没有谦虚的吸取，走过的路永远空白。

蜡笔，画出春天的明媚，描绘秋色的斑斓，涂抹童年的梦幻，勾勒人生的光环。

卡尺，别怪它终日黑沉着脸，因为眼下还有粗枝大叶的现像。在卡尺面前，谁敢以劣充优？然而，如果卡尺本身不合格，那它量过的产品将是什么样子呢？

奖状，切不要当作功劳簿的封底，只不过是人生影集的扉页。

粉笔，终日耕耘在黑色的沃土地上，即使耗尽了一生，也丝毫不改自己洁白躯体、淳朴心地的本质。

哑铃虽然给人以健美和力量，但从不喋喋不休地自夸。

撑杆为使人达到一个崭新的高度，自己情愿一次次倒下。

篮球蹦蹦跳跳，可人们知道它并不轻佻。

排球，人们高高地抛起它，最终是为了击落它。

足球，那么多人踢它，它却从不泄气。

乒乓球，只能在台上逞英豪，一旦下台，便乱跳。

跳板，帮助别人起跳，自己却被踩在脚下。

棋子，本来就没有思想，当然要任人摆布。

弓弦没有顽强的挺直，就不会有飞矢的中的。

金子放在金盘子里，不显得怎么样，然而，把金子放在泥土上，它就立即闪光耀眼。

金子代表财富的时候，便失去了自身的价值。

盆景虽没有生命，却能长久点缀生活。

盆景因为娇生惯养，才成不了参天大树。

锥子能够刺穿坚硬的东西，因为它将力量集中到一点上。

珍珠不会浮在水面上，要寻找它必须潜到深水里。

人参的高贵不在花上，在根上。

脚镣即使是金铸的，也没有人喜欢戴它。

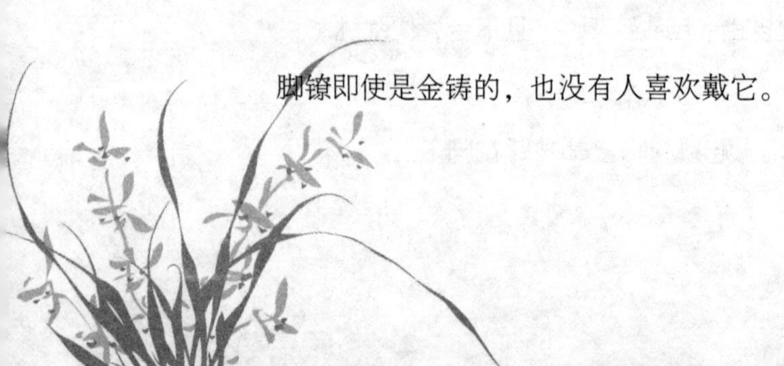

酒精能杀死害人的细菌，也能麻痹人的神经。

宝石即使散失在泥土中，也照样闪闪发光。

路灯为人照亮前程，道路还得靠自己走。

路灯用橘红色的微笑，去和黑夜对话，给夜行人一片温馨。

火石，从来不说大话，一旦碰上阻力和困难，就会迸发出耀眼的火花。

肥皂，四四方方，似乎没有多大重量；宁瘦勿胖，是它固有的特长。为去掉别人的脏，甘愿磨损自己的脊梁。一生爱的是洁净。直到把自身全部献上。

肥皂，不要娇装，一诞生就装进粗糙的纸箱，默默无言，奔向祖国的四面八方，不管是内陆还是边疆。除污去垢，职业可为平常，然而忠诚无私，愿将全身献上。躯体虽小，却为博大世界赢得卫生气象。

桅杆，高高耸立，最早出现在地平线上；汽笛，引吭高歌，常常获得诗人的赞赏。它们都夸耀自己的工作最有前途。而舵却一声不响，埋头于急湍的涌流之中，用自己的身躯、全部的力量和对事业的爱，牢牢地把握着航船前进的方向。因为它懂得：航船的命运就是自己的命运，航船的前途就是自己的前途。

月台，有人爱它有心，有人恨它无情。

墓碑不立在人们心中，便成了多余的石头。

石灰越泼冷水，越是热气腾腾。

生石灰不怕冷水浇泼，它在冷水中无情地解剖着自己；冷水泼得越多，它就被解剖得越彻底。其结果是去掉了灰尘，变得一身洁白，无私地贡献于人类。

脚手架，用竹子搭成。新房建筑时，它全力以赴；房屋建成后，它悄然离去。它只知默默地为别人服务，从不考虑自己的命运前途。

脚手架，动工时搭起，完工时拆下。它从不重视装饰自己，只求拿出全身力量，扎扎实实地建筑高楼、造福人类。

脚手架，当你把高楼托向云天，便累得骨头散了架似的颓然倒下。可是，当你瞥见又一个打好的房基，就重新抖擞精神，奋然站起，走向新的工地。

脚手架，你的奋发崛起，并不是为了自己。

脚手架忍辱负重，硕果累累，却从未见它出席过竣工典礼。

电焊条外表冷漠无语，内心却火花爆闪。当万丈高楼拔地而起，它却化身为灰烬云烟。

电焊条为了有一个坚强团结的整体，甘愿献出自己。

电焊条，并不显眼，却可以闪射出耀眼的光芒，产生巨大的热量。它别无所求，只愿把自己熔进万吨巨轮、巍巍井架。

保险丝，当它面临危及用户安全的强大电流时，忠于职守，当机立断，毁灭自身，保全别人。

保险丝身躯并不怎么高大，体质也并非那么健壮，却每时每刻都在承担着最危险的工作。为了保护人民生命和财产的安全，它随时准备慷慨地献出自己的生命。人们喜欢它那无私的工作态度，崇敬它那无畏的献身精神。

千斤顶没有华丽的外表，也不会大声喧嚷，只是静静地等候任务，默默地进行工作。它具有坚强的意志、惊人的气魄，能够力托千斤，却又那样谦逊。

千斤顶之所以扛得起千斤，顶得住万吨，是因为它有钢的性格，钢的意志。

千斤顶，渺小的身体，顶起千斤重负，这是因为它始终脚踏实地的缘故。

百叶箱，蔑视肆虐的风雷，笑迎炎日的骄阳。为了窥探大自然风云变幻的奥秘，永远驻足于高山、旷野。它没有铁打的腰板，钢铸的臂，却有着洁白的身躯、坦荡的胸怀。

体温计，对谁都直抒胸怀，不分富贵与贫贱；对谁都从不掺假，热就是热，冷就是冷，管它是显赫的高官还是褴褛的平民。

听诊器时常指出人们的毛病，可人们依然赞美它。

压路机爱走坎坷之路，是为了写出平坦的诗行。

压路机经历的是坎坷，奉送的是平坦。

压路机从不停止追求，因为生活中还有坎坷。

压路机终生唱着一支歌：哪里有不平，哪里就有我。

电风扇为送人凉风，宁可烧热自己。

电风扇摇头晃脑是为了显示自己善于冷嘲热讽。

立交桥是一弧升起的彩虹，在历史的凝望中崛起。

热水瓶不论周围的温度多低，胸中总是热腾腾的，又总是在人们需要的时候把股股暖流注入人们的心田。它置身于人们之中，从自身做起，以满腔的热情去温暖他人，去熨平寒风吹起的皱折，这就是热水瓶的性格。

热水瓶索取来的热情，经不住时间的考验。

金刚石之所以名贵，主要原因不在于外形的美，而在于内在质的坚硬。

不锈钢，它能拒腐防变，不是因为身上镀了保护层，而是它在烈火中练就了刚直不阿的秉性。

煤气罐出气有节制，有渠道，择时机，选场合，放将出来，化作一团火，给人以光明和温暖。

手术刀，凶相毕露，血迹斑斑，道是无情，实是情意绵绵。

航标灯，脚下的怒吼声声——是大海对它的赞美呢？还是暗礁对它的诅咒？

反光镜即使被恶棍打碎，也决不会撒谎。

望远镜能使人看到远方的目标，却不能缩短要走的路程。

寒暑表平生沉默，但心知冷热。

温度计不怕寒冷，亦不怕炎热。

温度计，深知世态炎凉。

温度计告诫人们，要适应环境的一切变化，只有变化才有活力。

复印纸从不露面，总是数倍地工作，累得遍体鳞伤也不表白自我，谁敢说，它的一生“白活”?!

航标灯尽管颠簸折磨，硬骨依然铮铮；尽管沉浮摔打，红心始终不泯。

航标灯从不感到孤独，是因为时时有风浪相伴。

航标灯从不与热衷于炫耀的霓虹灯为伍，甘耐寂寞地在自己的岗位上放射着光芒。

螺旋桨，深藏于船底。翻腾的浪花，是它的欢歌笑语；回旋的激流，是它的热汗流淌。一辈子也不和旅客照面，全部的热能在水底蕴藏，全部的青春在旋转中闪光。

水平仪在任何地方都不会撒谎。

晴雨伞，只有在开放中才能显示价值。

日光灯即使能发出太阳的光，也不会发出太阳的热。

泡泡糖经人一吹，便得意忘形起来。

不倒翁生活从不失去重心，是它立于不倒之地的秘密。

救生圈充满了生活的勇气，狂风恶浪中也不会沉沦。

纪念碑尽管没有刻上英雄的姓名，但四周都有鲜花，头顶都有战旗，脚下都有土地。每一个骨朵，每一丝经纬，每一星土粒，都凝聚着早晨的清润，春天的和煦，历史的箴言……

万吨巨轮，从不因自己有庞大的运载能力而趾高气扬。相反，它装载的物资越多越重，贡献越大时，越把身躯藏向水下，尽量把自己缩小。

交通指示灯，它红黄绿的频频变更，不正是人生征途上，失败、彷徨和成功相互交替的缩影吗？

车：有目标就有奔头，有希望就无须走回头路。

书：打开一枚枚彩贝，采撷闪光的珍珠。

蜡烛：身不端正者，必然命短泪多。

木偶：没有灵魂者，必然被人摆布。

屏风：掩人耳目而言私，总有那么多漂亮的理由遮挡。

七、动物拾趣

雄狮令百兽俯首称臣，却奈何不得一只跳蚤。

骆驼珍惜点滴之水，因为它有着在沙漠中干渴过的经验。

长颈鹿，高高地昂起头颅，原来目的是为了索取。

牛，一边在咀嚼历史的给予，一边用坚稳的步履开拓着明天。

大雁既然选择了春天，便只能风雨兼程。

山鹰在与风雨雷电的搏击中塑造了自己，铸造了坚毅，显示了刚劲非凡的羽翼，也给人们古老而永恒的启迪。

雄鹰总是盘旋在最艰险、最险峭的狭谷与峰巅，只有那壮丽无比的雪山之上，才盛开着同样壮丽的雪莲。

雄鹰是幸福的，因为只有它才能领略天下奇险。

鹰，历尽雷暴，扇动翅膀，从谷底直上孤崖绝顶。满张生命之弓，弹射出全部力的效应。然而，奋飞的鹰却从未留下任何足迹。

海鸥所以能挺立于波峰浪谷，日夜经受风浪的洗礼，因为它植根于比大海更深的地层深处。

猫头鹰，它为人类除害，却被看成是不祥之物；它不辞夜班辛苦，却被诬为害怕光明。这是一桩由来已久的历史冤案。而它，有冤情，无怨气，依然我行我素……

猫头鹰，闭一只眼，藐视黑暗；睁一只眼，盼望光明。

啄木鸟对树木无情的挑剔，是一种最深沉的爱。

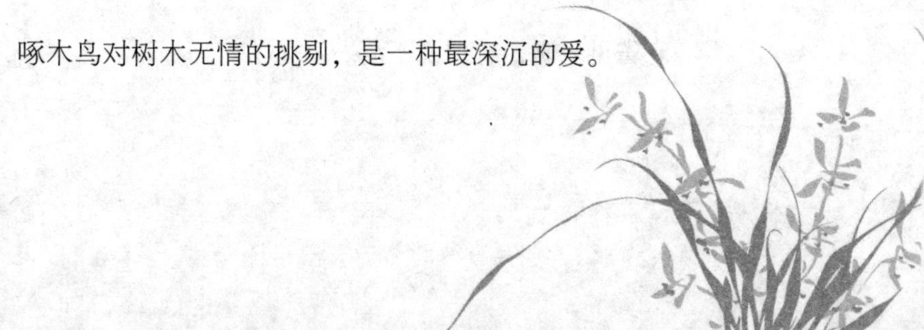

啄木鸟对树木爱得越深，挑剔得越狠。

孔雀凭借美的羽毛掩饰自身肮脏的地方，无疑是对美的亵渎。

鹦鹉，我断定它写不出语言学，因为模仿太多，因为没有创新。

鹦鹉巧舌如簧，在清风里鼓荡，博得了多少掌声和赞扬！如果筛选它的一千次演讲，有没有一句属于它自己的思想？

鹦鹉终生锦衣玉食，凭的不过是几句套话。

燕子是分享春天的候鸟，然而它也为春天增色。

乌鸦喜欢聒噪的原因，是想压住百鸟的歌唱。

水鸟只能用鱼儿塞满自己的肚皮，鱼鹰却甘愿将所得奉献给渔民。

麻雀见老鹰，有理说不清。

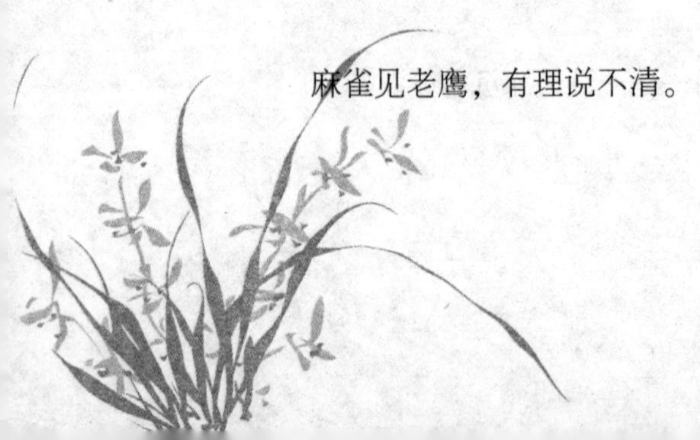

鸡优越惯了，有翅也不会高飞。

鸡有一张利嘴，但从不以伤人而谋生。

雄鸡不因为人们没有嘉奖它，而不报晓。

小鸡出世，要啄破坚硬的蛋壳；胚芽萌生，要顶开重压的泥土；人欲成才，要备尝生活的艰辛。

雏鸡倘若没有啄破蛋壳的勇气和力量，那么它就永远不能获得新生。

企鹅经得起严寒，却受不住温暖的考验。

黎明前，麻雀叽叽喳喳，表示要到遥远的天际去干一番大事业，激动得坐立不安。黄昏，它们又一个不少地飞回夜宿的大树。

蚯蚓不嫉妒小鸟的双翼，因为它拥有毫不逊色的博大土地。

蚯蚓虽然没有骨头，却能疏松厚硬的泥土；有的人虽然有骨头，但只能屈膝爬行。

蚯蚓失去了做人的骨气，只能充当别人的诱饵。

蜜蜂一边在酿蜜，一边在酿造生活；不是为了自己，而是为人类酿造最甜蜜的生活。

蜜蜂表达爱的最好方式是与花儿一起创造甜蜜的生活。

蜜蜂唱绿的歌，唱香的歌，唱心中的歌——哦！没有劳动，哪来的歌。

蜜蜂明知生命短暂，仍穷追不舍花之期。

蜜蜂，可贵的是在花花世界里，也不错入歧途。

蜜蜂“嗡嗡嗡”地嘟囔：“金翼细腰，就该是时装模特儿的料?”

蜜蜂搞的是有偿服务，给花儿传递爱情的同时，也从它们那里得到了酬劳。

诚实的蜜蜂，不会向塑料花献殷勤。

同样是在花丛中忙碌，蜜蜂终日埋头采撷，衔粉含香；蝴蝶也进进出出，而只顾与叶瓣争妍比俏，以显示它那华丽的衣裳。

小蜜蜂辛劳一生，它那酿造生活的美德为世人所称颂；寄生虫闲逸一世，它那损人利己的丑行被世人所唾弃。

春蚕的追求是竭力把心血与汗水编进贡献的未来之中。

春蚕默默地用奉献之丝，丈量生命的价值。

蚕和蜘蛛都吐丝。人们赞美蚕，因为它的丝给人类带来温暖；而蜘蛛只是为捕捉小虫自己美餐一顿，理所当然地受到人们的冷落。

蚕在吐丝的时候，没有想到会吐出一条丝绸之路。

蚕，咀嚼的是绿色的桑叶，吐出的是银色的蚕丝。

蚕茧首先突破自我禁锢，才有未来的腾飞。

蚂蚁，仅爬了一次牛角，便总结起登山的经验来。

蚂蚁为了攻击别人，总是拉帮结伙。

蚂蚁爬上水瓢的边沿兴叹：哟，多么浩渺的大海！

蚂蚁爬到牛犄角上，骄傲地认为上了山。自满是智慧的尽头。

青蛙以为，夜这样深这样静，正是为了容纳它的聒噪。

青蛙耐得住漫长冬天的孤独寂寞，才有春天动听的鸣叫撼人心扉。

青蛙鼓起绿色的腮帮，吹奏金色的丰收曲。

青蛙知道自己活着有益于人类，所以它总是欢叫不已；而老鼠明白自己对人有害无益，所以它终日藏在黑暗的地洞里。

蝌蚪谱写丰收的序曲，交给溪流弹唱。

蜗牛，即使乘上飞机，也忘不了爬行。

蜗牛背着老祖宗留下的包袱，怎能不步履维艰?!

蝴蝶，因为眼下的绚丽，常使人忘却它嬗变前的丑陋，甚至想否认它本质上是个害虫。猫头鹰，因传统的诽谤，使人难以改变对它的偏见，而它是我们真正的朋友。

蜈蚣，虽然众多的脚起步不同，但都能奔走在一条路上。

蚊子，偷别人的血，写一部肮脏的自传。

萤火虫不因为有皎洁的月光存在而熄灭自己这盏小小的灯。

萤火虫勇敢地迎接漫漫长夜的挑战，留下一串闪光的足迹。

萤火虫耗尽全部精力，留下星点光明。不是厌倦了白昼人生，黑暗中才能发挥效应。

萤火虫比起月亮来，尽管光亮是微弱的，但毕竟是它自己的生命之光。

满足于一星半点的成绩，萤火虫永无真正的成功之作。

蝉，夏季乐坛上，独负盛名的流行歌手。

蝉，你自夸“知了”，其实，你知道多少？你只会攀附高枝儿，用刺耳的噪音，向高枝儿讨好！

知了的处世哲学是，越不知道越要吵吵。

苍蝇以自己的善于钻营，耻笑蜜蜂只懂得采蜜。

苍蝇也往亮处飞，能说它在追求光明吗？即使飞进了百花园，也绝非为了甜蜜的事业。

飞蛾咒骂白天的太阳，到了夜里，却拥抱着灯光说，自己是热爱光明的勇士。

海葵，它在海底用触手捕捉食物。当它伸开红、黄、褐色的花瓣时，争妍斗艳、美丽极了。海洋里的小动物常常受骗，成了海葵的俘虏。

鲤鱼，想当年跃龙门时那样英雄神气，如今却因为贪图一点诱饵而落得油炸水蒸，岂不可悲！

甲鱼，得意时把头昂得老高，遇到一点障碍险阻、听到几声风吹草动，就把头缩进壳里，这就是它的处世哲学。

乌鱼，一生不知残害了多少同类，才养肥了那乌黑硕大的身躯，然而终未逃脱灭亡的下场。

乌贼肚子里只有几滴“墨水”，却在浩瀚的大海面前卖弄。

鱼只要看见钓饵，就忘了同伴上钩的教训。

鱼不曾被风浪征服，却未逃脱垂钓者的鱼钩。

泥鳅，体形虽然短小，却是出了名的滑头。

猴子如果离不开舒适的森林，就变不成聪明的类人猿。

猴子披上富丽的丝绸，却愈显出它是一只猴。

蜥蜴的尾巴从折断处长出来，它告示人们，应从跌倒的地方爬起来。

蚌尽管身价平平，却从不放弃对珍珠的孕育。

蝼蛄长着徒有其名的翅膀，不能在广阔的天空飞翔，专在阴暗的地里钻来钻去，干着见不得人的勾当。

八、自然撷趣

太阳虽然名字叫永恒，却有日日更新的灵魂，永葆宇宙青春的美。

太阳信念无悔，天天从东到西。

太阳，熔化人间的冷漠、黑暗，把火热的爱注满人们心坎。

太阳是伟大的，它的伟大在于以新的光和热奉献给人间；人生若要伟大，就要日日更新，捕捉未来，把自已交给时代。

太阳，没有人诅咒你高高在上，因为你能给世界温暖和光明。

太阳所以能够照亮世界，在于它勇于燃烧自己。

太阳经常被人们议论不休，但它并不因此而偏离东升西落的轨道。

太阳不管是早晨还是黄昏，贴近大地的时候最美丽动人。

太阳带来光明，也紧跟着暗影，我们能说这就不好吗？

太阳如为自己身上的黑子而沉沦，便不会放射出耀人的光芒。

太阳说，停止发光发热，那才意味着真正的衰老。

朝阳，人们只惊羡她升腾时的辉煌，不知黑夜里她经历过多少磨难。

艳阳的美丽，并不因为晚霞的夺目，而在于夕阳的深沉。

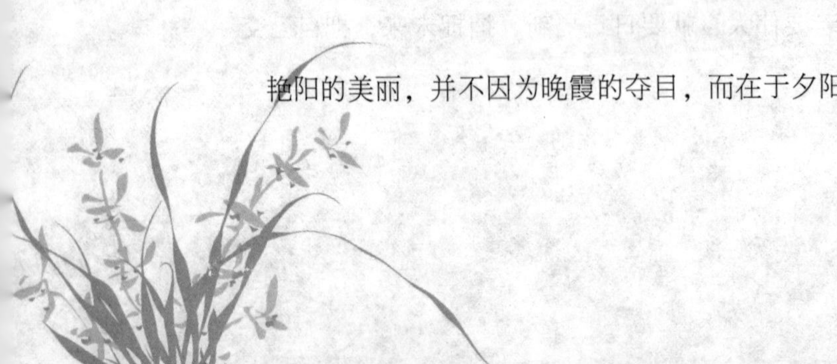

落日像一个句号，对每个人的白昼做了小结。

再肥沃的土地，没有了阳光，也无法孕育出绿色的希望。

月亮无数次地否定自我，又无数次地创造新的完满。人生就如月亮。

月亮高高地挂在天际，为的是让“满招损，谦受益”的哲理，永恒地让世人铭记在心。

月亮虽缺乏满腔热情，但那颗心却是明亮的。

月亮为使黑夜亮如白昼，甘愿当太阳的二传手。

月亮不在乎亏盈，只要一夕尚存，作不了光源，也要馈送光芒。

月亮靠沾别人的光过日子，因而常感到缺点什么。

月亮为什么显得那样苍白？是因为它的心中缺乏一团烈火。

月亮拿别人的光环炫耀自己，终究显得苍白无力。

月亮是聪明的，她能借助太阳发光。

希望众星拱着的月亮，一定是残缺不圆的。

月光把相思化成清辉洒向人间，它不因居高而忘民，不以皎洁而自矜。

星星在茫茫无垠的夜色中，虽然微不足道，但毕竟是光明的化身，毕竟是用它的执著咬破了黑暗的封锁，顽强地让自己的生命之光穿过夜空。

星星眨着眼睛并非考虑自己的名利得失，而是在浩宇里寻觅属于自己的位置。

星星一直在同黑暗苦斗，但光明到来时它却悄悄隐退了。

星星不因自己的渺小而放弃职责，它用全部身心把夜空装点得更加美丽。

星星，在暗夜，它把天庭装点得富丽壮美。每颗星星都是一座标灯，深情地呼唤着探求者远航。黎明，它含笑融入霞光，把最后的余晖献给白昼。

星星只要发光，总会有人仰望。

星星把自己看得越高，在人的眼里就变得越小。

星星，一旦在灿烂的星空开始炫耀自己光亮的时候，也就结束了自己的生命。

流星为什么美丽？只因为它来也匆匆，去也匆匆；昙花为什么醉人？只因为它稍纵即逝，没有长长久久的赫然存在和永无休止的艳冠群芳。

流星虽然是一瞬间的闪烁，却裸露了向前开拓的胸怀。

流星毫不吝惜自己宝贵的生命，在瞬间里，它发出全部光和热，虽然捐躯，却留下了光华耀眼的轨迹。

流星的生命短暂，却留下了光辉的形象。

流星尽管来去匆匆，转瞬即逝，但也毕竟在一份光和热中留下了自己的轨迹。

流星可以无憾地消失，因为它曾以自己短暂的生命划亮过漆黑的夜空；春花可以无憾地凋落，因为它早已把成熟的梦化作一个微小的果实孕育胸中；溪水可以无憾地汇入大海，因为它曾经为宽广的大地留下过欢乐的歌咏。那么朋友，我们该为这个世界留下些什么，才能无憾于自己的人生呢？

流星，追求瞬间的闪耀，导致永恒的消逝，留在身后的是写在夜幕上的警示。

流星逃避现实，只会毁掉自己。

我决不羡慕那流星，因为它没有一定的轨迹，是被星空扬弃的一块顽石。

云朵在瓦兰的天幕上献上一个妩媚的笑：我是自由的化身。风在它的背后猛击一掌：别忘了，我是掌握你命运的主人。

云朵自我炫耀只会永远苍白，追求阳光才会绚丽灿烂。

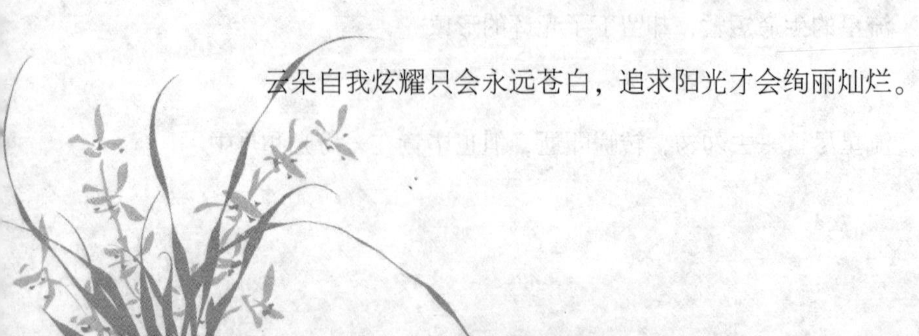

白云，你在风力的作用下，尽情地飘荡和变幻，可我并不羡慕你的自由，只为你的命运不被自己掌握而感到遗憾。

乌云能遮没太阳的光辉，却无法改变人类对光明的追求。

乌云的上面是太阳，困难的背后是胜利，艰苦的前方是幸福。

浮云，别看有时挟雷携电，其实不过是风的奴隶。

浮云之所以成为风的奴隶，是因为它不能驾驭自己。

云因为没有根，才让风牵着鼻子走。

云受风的怂恿，任性南北嬉耍。

云块使干涸的河床有了歌声，而它自己则永远保持沉默。

云儿不断地变幻着形象，因为它既没有根底，也没有重量。

朝霞为什么那么绚丽多彩光照四方？因为她紧紧拥抱那初

升的太阳!

晚霞在生命弥留之际，渴望的是明朝艳阳天。

晚霞尽力燃烧自己，并不比朝霞逊色。

红霞的本质是苍白的水汽，即令用美丽的外衣掩饰也无济于事。

雪，幻化成棉絮，但不能给人温暖；幻化成面粉，但不会使人饱餐。一忽儿是盐，但味道消失了咸；一忽儿是糖，却品尝不出甜。因为一切假象，靠的只是欺骗。

残雪，有人嘲笑你落伍了同伴，有人奚落你残存的落魄，但我想，只要你心中拥有太阳，照样能化为一泓碧水。

雪花并非为炫耀自己的美丽而降临人间；她的哲学是：为孕育春天的生机，甘愿融化自己。

雪花过分地贪求阳光的刺激，就会失去自己纯洁的品格。

雪花再潇洒，也不会塑造一个热情的形象。

冰雪消融，滋润大地，却毁了自己。

薄冰尽管极力冒充透明的玻璃，可是谁也不会用它做镜子。

光，在消灭黑暗时，也难免带来阴影。

春风的温柔也是一场严峻的考验，意志薄弱者会被它吹醉了。

秋风在吹落绿叶的同时，也在为明春播种新的绿色。

面对秋风的询问，果始终保持缄默，而叶总爱喋喋不休。

风吹发了万物，吹熟了百果，可从未为自己吹出一个家。

风吹垮的是腐朽的门，吹倒的是根浅的树。

露珠是对黑暗的哭泣，是对光明的欢笑。

露珠，你熬过了冷落与孤寂，浓缩成丰盈饱满的一滴；你承受了漫漫长夜，凝聚成甘露的晶莹；你默默地净化环境，迎来了清新的黎明；你闪动着透明的眸子，投给绿叶以无限深情；你凭着一颗纯洁的心，把花木上的灰尘吸净；你既不理会都市的喧哗，也不埋怨环境的混浊；你既不陶醉花丛的温情，也不畏惧小溪的蜚语；你不自卑躯体的渺小，不懈地聚集，无私地奉献，于是，草更翠，树更绿，花更艳，山更青，水更秀，果更甜。

露珠是不会破的，那是爱的流溢，心的迷恋。它们会聚成一弘爱的清泉……

露珠没有鱼目混珠的坏心，却有滋润花卉的好意。

露珠在树叶上闪烁，不如到花心上孕果。

露珠很自卑，总是出现在夜晚；它又很自爱，宁愿无声无息地离开。

露珠尽管也晶莹闪亮，但黑夜的作品总经不起太阳的推敲。

露珠的光彩，见不得阳光；珍珠一见阳光，却更加辉煌夺目。

晶莹的露珠，用甘甜滋润禾苗；鲜艳的花朵，以瑰丽装点大地；奔腾的江河，把力量汇入海洋。

在花和叶的心目中，露珠比珍珠贵重百倍。

朝露，每株禾苗上感激的泪水，是你匆匆来去的倩影。

春雨，无声无息，洒向大地，唤来万紫千红，山清水秀，自己不留下一丝踪迹。

春雨的可贵就在于它给大地增添了新的生机。

春雨轻吻青竹嫩柳，吻出滴滴清泪，湿了布谷鸟亮丽的歌喉。

雨，从地上蒸腾到天上，又从天上跌落到地上，飘飘然的幸运，泪汪汪的下场。

小雨点嘲笑大海没上过天，而大海却亲昵地把它搂在怀里。

雷走在闪电的后头，却一鸣惊人。

雷，它想借助闪电的亮光显示自己的威严，反而让世界看清了它空喊的本质。

雹，因为地球比你伟大，你就妒忌、就发疯，于是，乘着阴云密布，拉帮结伙地向它进攻。

雾，有时垄断着世界，使自然界一时难以呼吸。当太阳出来，它就没有了立锥之地。

被迷雾缠绕的山峰，失去的往往是自身的高大形象。

闪电，不像雷那样大吹大擂，不像雨那样蜜语甜言，宁愿只活一秒钟去照亮世界，也不在灰暗的角落里苟活万年！

闪电的光亮虽强，只有瞬息存在；星星的光亮虽弱，却是整夜长明。

彩虹告诫人们，荣誉的花环不能永久挂在身上。

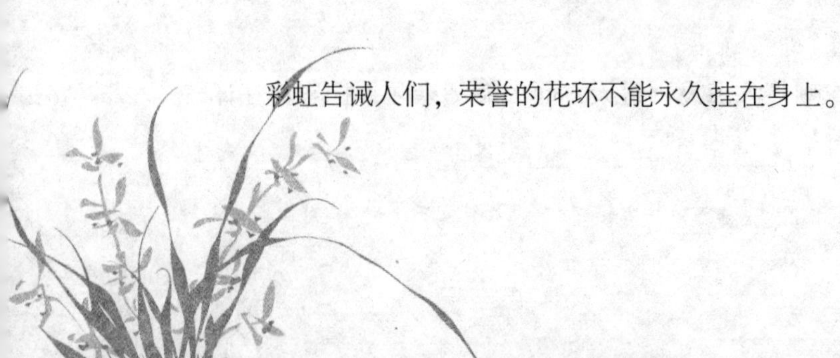

彩虹是桥吗？不，它不能通达理想的彼岸。

虹，与其平淡的生活一生，不如追求绚丽的一瞬。

虹不是最炫人眼目吗？但是，离开了阳光与水珠，它自身什么也不是。

高山，眼望它总是崎岖的，脚踏它却是平坦的。

山峰为自己托起勇敢的登攀者而自豪。

山谷因为有深深的内涵，每一声发自心底的呼唤都激起久久的回旋。

大海由于汇聚了每颗水珠的全部能量，所以才永不枯竭。

大海浩瀚无边，从来没有嘲讽过一滴水。

大海尽头有辉煌的彼岸，黄昏后面有灿烂的星辰。

大海迎接的是高昂的澎湃，低吟浅唱是它退潮时遗弃的飞沫。

大海绝不计较哪一滴水来自大江，哪一滴水来自小溪。

大海，烈日无情的炙烤，听不到她痛苦的呻吟；狂风残酷的摇撼，看不出她悲戚的抽播。强权的淫威，流言的中伤，名利的诱惑，贫贱的胁迫，统统在这里黯然无光。她始终那么乐观豪迈，豁达刚毅，坚定执著，顽强进取，微笑着迎接一切挑战，用全部的热忱和赤子般的忠贞报效大地母亲的养育之恩。

大海虽然博大，却是由无数水滴组成；露珠虽然细小，却能反映太阳的光辉。

大海从不拒绝无论来自何方的山涧小溪，因而总是汹涌澎湃，浩瀚无际。

大海享受起伏，也享受平静。

大海之所以蔚蓝，是因为无垠的蓝天将她作了自己的镜子。

大海使劲地捶打自己的胸脯，满肚子的苦水向谁倾吐。

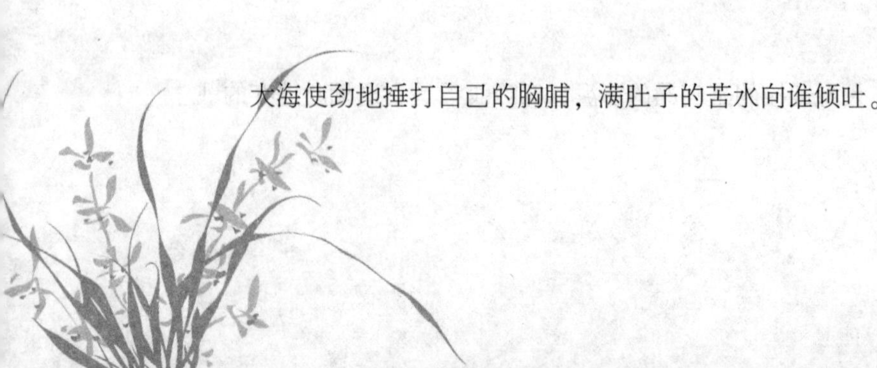

海，不求高位，却获得了伟大的形象。

海水虽然柔软缠绵，但发怒时却有翻江倒海的巨力。

瀑布是一条站起来的河，放声高唱自强的歌。

瀑布敢于走没有路的路，因而成为壮观。

瀑布之所以成为奇观，是因为它有绝处求生的勇气。

瀑布有舍身跳崖的壮举，才赢得游人瞻仰。

瀑布正因为无牵无挂，才一泻千里而不回头。

瀑布，凭借悬崖峭壁的雄姿，才得以尽情炫耀自己。

瀑布因居高临下，才口若悬河。

别看瀑布口若悬河，高声向世人标榜。其实，离了小溪的默默施舍，它永远哑口无言。

江河不择细流故能成其大，高山不择尘埃故能成其高。

小溪终能流向大海，因为不惧怕困难。

小溪没有瀑布的气势，没有江水的磅礴。它羡慕大海的深沉，却从不掩饰自身的孱弱。它总是敞露心扉，寻求雨的甘霖，冰的消融。潺潺流淌，永不停歇，这是它不变的吟唱；曲曲弯弯，沟沟坎坎，这是它毅然的抉择。

小溪来自每一眼山泉、每一条崖缝。它不嫌弃一滴露珠、一片雪花、一根雨丝的赐予。它一路上收集着、奔流着、歌唱着。当它终于汇入那波澜壮阔的大江时，它便有了无穷的力量。

小溪因为有坚定的信念，所以崇山峻岭无法阻挡它前进的脚步。

小溪一点也不渺小，在人们的心目中，它比浩瀚的巨河大川更大、更重要。

小溪奔向大海，从来不问要走多远的路。

小溪不因道路的曲折而悲哀，却为征途的坎坷而欢歌，大路不通就走小路，无论如何也要向前奔腾。

小溪如果畏惧路途的遥远与坎坷，永远也找不到大海。

山溪怀抱远大的理想和不懈的追求，终会从低谷的困境中走出来。

山溪的纯净决不是因为它不含沙土、碎石、残枝、败叶，而是由于它通达、理性、无私和宽容。

深山里的小溪，越过断崖，穿过草丛，披着彩霞，载着星星，唱着歌儿，朝着既定的目标前进，又尽情地享受着大自然给予的恩赐。

溪流心中装着对大海的追求，走遍千山万水都不会迷途。

暗礁只因惯于暗中害人，才见不得光天化日。

暗礁从不敢露出水面，那是因为它心地不善。

暗礁因为有水的包庇，总是揣着颠覆的野心。

漩涡笑成玫瑰也无人钟爱，因为它心里怀着鬼胎。

漩涡那迷人的笑靥，却包藏着祸心。

漩涡打了一个又一个死结，也系不住奔腾向前的洪流。

水是世界上最温顺的，任何容器都可以容身；水又是世界上最刚强的，任何高山都不可阻挡。

水，你掺了进去，消失了自己。把砂子、石子、水泥凝结在一起。谁也看不见你了，你才达到了自己的目的。

水被岸囚禁着，而浪无时无刻不在寻找着越狱的机会。

水按别人的框框，决定着自己的态度。

水一旦纯洁了别人，也就玷污了自己。

水对什么风都会献出浪花，轻浮的人感情也是这样。